Bosse † / Hagenauer · Grundlagen der Elektrotechnik IV

Grundlagen der Elektrotechnik IV

Drehstrom,
Ausgleichsvorgänge in linearen Netzen

Prof. Dr.-Ing. Georg Bosse †
Prof. Dr.-Ing. Joachim Hagenauer

2. Auflage

Die Deutsche Bibliothek - CIP-Einheitsaufnahme

Grundlagen der Elektrotechnik / Georg Bosse ... - Düsseldorf :
VDI-Verl.
(VDI-Hochschultaschenbuch)
Teilw. im BI-Wiss.-Verl., Mannheim, Leipzig, Wien, Zurich
NE: Bosse, Georg
4. Drehstrom - Ausgleichsvorgänge in linearen Netzen. - 2.
Aufl. - 1996
Früher als BI-Hochschultaschenbuch : Bd. 185
ISBN-13: 978-3-540-62151-5 e-ISBN-13: 978-3-642-48900-6
DOI: 10.1007/978-3-642-48900-6

VORWORT ZUR 2. AUFLAGE

Wegen der anhaltenden Nachfrage nach diesem Buch wurde eine Neuauflage fällig. Änderungen waren nicht nötig, so daß die Vorauflage, abgesehen vom Buchformat und wenigen Korrekturen, inhaltlich unverändert nachgedruckt werden konnte.

München, im März 1996 *Joachim Hagenauer*

VORWORT ZUR 1. AUFLAGE

Den Kern des hier vorgelegten vierten Bändchens der Grundlagen der Elektro-technik bildet die Behandlung der Ausgleichsvorgänge in linearen Netzwerken. Als Hilfmittel hierzu wird die Laplace-Transformation benutzt und dadurch eine enge Verbindung zu den Rechenverfahren der Wechselstromlehre hergestellt. Zugleich werden dabei die Grundbegriffe der Fourier-Zerlegung von Zeitfunktionen erläutert.

Ein weiteres Kapitel ist dem Rechenverfahren für die drehstromgespeisten Netze und Systeme der Energietechnik gewidmet. Hier wird die Transformation auf sogenannte symmetrische Komponeneten vorgestellt, und es werden die Betriebsgleichungen der Drehfeldmaschinen aus einem einfachen Transformatormodell hergeleitet.

An der Ausarbeitung des Manuskriptes hat mein Mitarbeiter, Herr Dipl.-Ing. H. J. Hagenauer entscheidenden Anteil. Er hat auch die Abbildungen entworfen, und ihm gilt mein besonderer Dank. Ebenso danke ich Frau A. Baumgarten für die Reinschrift des Manuskriptes und Herrn cand. ing. H. Holland für die Gestaltung und Ausfüh-rung der Abbildungen. Dem Verlag Bibliographisches Institut danke ich wieder für die erfreuliche Zusammenarbeit.

Darmstadt, im März 1972 *Georg Bosse*

INHALTSVERZEICHNIS

13 DER DREHSTROM

13.1 *Mehrphasensysteme*

13.1.1 *Die Erzeugung mehrerer phasenverschobener Wechselspannungen*

Im dritten Bändchen der „Grundlagen der Elektrotechnik" haben wir uns allgemein mit der Analyse elektrischer Schaltungen beschäftigt, die durch sinusförmige Wechselspannungen angeregt werden. In diesem Abschnitt wollen wir die besonderen Netze und Schaltungen der Energietechnik behandeln, die durch mehrere phasenverschobene Wechselspannungen gleicher Frequenz – in Europa meist 50 Hz – gespeist werden. Sinusförmige Spannungen mit dieser Frequenz und mit den in der Energietechnik erforderlichen großen Leistungen erzeugt man üblicherweise in rotierenden elektrischen Maschinen.

Ein Wechselspannungsgenerator besteht im einfachsten Fall aus einem eisernen Rotor, der durch eine gleichstromdurchflossene Wicklung so magnetisiert wird, daß er einen umlaufenden Magneten bildet. Wir wollen uns hier und im folgenden auf den Fall beschränken, daß dieser Magnet ein Polpaar hat, wie es in Abb. 13.1 dargestellt ist.

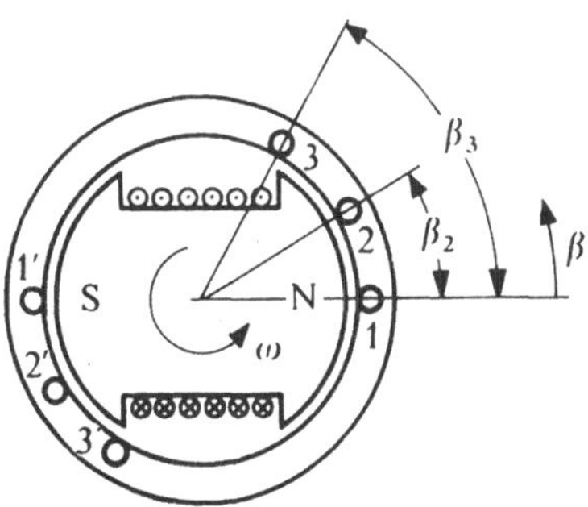

Abb. 13.1 Zur Erzeugung phasenverschobener Wechselspannungen

Das Magnetfeld ist im Luftspalt zwischen dem Rotor und dem aus Eisenblech bestehenden Stator radial gerichtet. Durch eine entsprechende Gestaltung der Wicklung und der Magnetpole kann man erreichen, daß sich das magnetische Feld im Luftspalt bei einer festen Stellung des Rotors näherungsweise sinusförmig über den Statorumfang ändert:

$$B = B_0 \cos\beta \, .$$

Dreht sich der Rotor mit der Winkelgeschwindigkeit ω, dann entsteht an jeder Stelle der Statoroberfläche ein Magnetfeld, das sich zeitlich sinusförmig mit der Kreisfrequenz ω ändert.

Bringt man am Stator eine Anzahl von Spulen gleicher Windungszahl an, wie in Abb. 13.1 mit drei Spulen angedeutet, dann entsteht in jeder Spule eine zeitlich sinusförmige Wechselspannung. Die Winkel, um die die Phasen der Spannungen in den Spulen gegeneinander verschoben sind, stimmen mit den räumlichen Winkeln zwischen den über den Statorumfang verteilten Spulen überein:

$$u_\nu = \hat{u} \cos(\omega t - \beta_\nu) \, . \tag{13.1}$$

An den einzelnen Spulen oder Wicklungssträngen stehen also sinusförmige Spannungen mit gleicher Frequenz und Amplitude, aber mit unterschiedlicher Nullphase zur Verfügung. Man bezeichnet sie als Strangspannungen. Wir werden später sehen, daß solche aus mehreren phasenverschobenen Spannungen bestehenden Systeme gegenüber Einphasensystemen wesentliche Vorteile bieten.

Da wir uns auch bei Mehrphasensystemen nur mit dem eingeschwungenen Zustand beschäftigen, können wir alle Spannungen und Ströme durch ihre komplexen Amplitude darstellen

$$U_\nu = \hat{u}\, \mathrm{e}^{-\mathrm{j}\beta_\nu} = \sqrt{2}\, u_{\mathrm{eff}}\, \mathrm{e}^{-\mathrm{j}\beta_\nu} \, , \tag{13.2}$$

oder wie in der Energietechnik üblich, durch komplexe Effektivwerte, die wir durch eine Tilde über dem Formelbuchstaben kennzeichnen

$$\tilde{U}_\nu = \frac{\hat{u}}{\sqrt{2}}\, \mathrm{e}^{-\mathrm{j}\beta_\nu} = u_{\mathrm{eff}}\, \mathrm{e}^{-\mathrm{j}\beta_\nu} \, .$$

13.1.2 Die Verkettung der Spannungen und Ströme in Mehrphasensystemen

Die n Spannungsquellen eines Mehrphasensystems, z.B. die Wicklungsstränge eines Generators, werden üblicherweise nicht über n Leitungspaare mit den entsprechenden Verbrauchern verbunden, sondern teilweise miteinander verbunden oder „verkettet". Eine Möglichkeit der Verkettung ist die in Abb. 13.2 dargestellte Reihenschaltung. Für

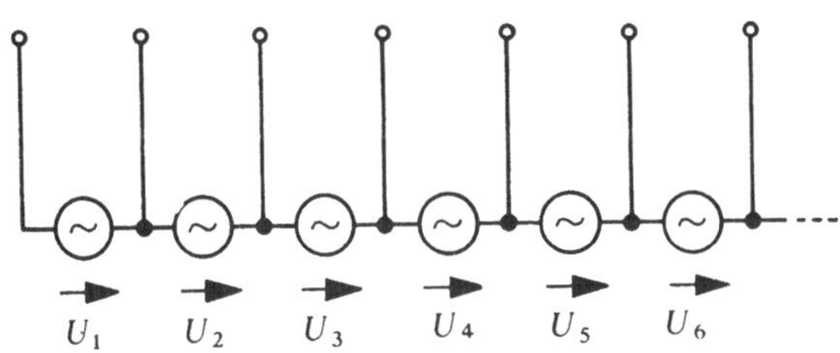

Abb. 13.2 Verkettung der Strangspannungen

ein System mit n Spannungsquellen benötigt man dann $n + 1$ Verbindungsleitungen. Eine weitere Leitung kann man einsparen, wenn

$$\sum_{\nu=1}^{n} U_\nu = 0$$

gilt, so daß man die Spannungsquellen ringförmig zusammenschalten kann, wie es Abb. 13.3 a für $n = 6$ zeigt. Diese Bedingung ist z.B. erfüllt, wenn die einzelnen Spannungen U_ν gleiche Beträge haben und für die n Phasenwinkel

$$\beta_\nu - \beta_{\nu-1} = \frac{2\pi}{n} \tag{13.3}$$

gilt, so daß die Zeiger der U_ν aneinandergesetzt ein regelmäßiges n-Eck bilden. Solche Systeme heißen symmetrische Mehrphasensysteme. Das erreicht man, wenn man die Statorwicklungen mit gleicher Windungszahl ausführt und um gleiche Winkel gegeneinander versetzt anordnet, wie es in Abb. 13.1 dargestellt ist.

Eine zweite häufig angewandte Möglichkeit der Verkettung ist die in Abb. 13.3 b dargestellte Sternschaltung. Auch hier braucht man bei

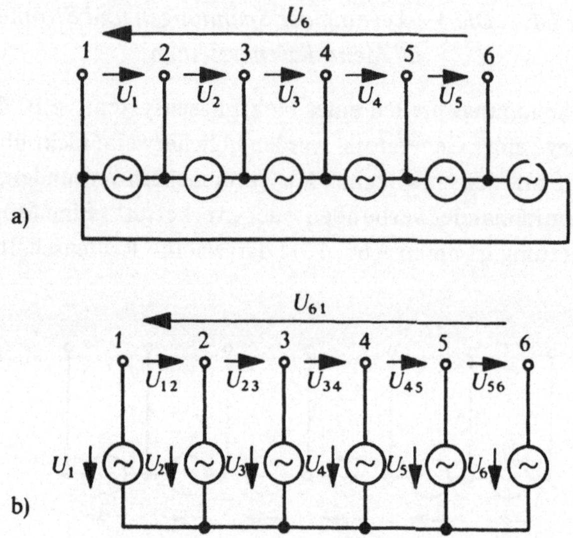

Abb. 13.3 Verkettung eines symmetrischen Sechsphasensystems (Ringschaltung und Sternschaltung)

einem System von n Spannungen nur $n + 1$ Verbindungsleitungen zwischen Generator und Verbraucher.

Zwischen den Klemmen des verketteten Systems kann man die Summen bzw. die Differenzen der einzelnen Strangspannungen entnehmen. Amplitude und Nullphasenwinkel dieser verketteten Spannungen veranschaulicht man sich am bequemsten durch die Zeigerdarstellung der komplexen Spannungsamplituden.

So zeigt Abb. 13.4 a die sechs Zeiger eines symmetrischen Sechsphasensystems. Der Reihenschaltung der sechs Spannungsquellen nach Abb. 13.3 a entspricht das Zeigerbild 13.4 b, der Sternschaltung nach Abb. 13.3 b das Zeigerbild 13.4 c, aus dem man z.B. sofort Größe und Richtung von $U_{12} = U_1 - U_2$ ablesen kann.

Wählt man bei der Addition von Spannungszeigern die an sich beliebige Reihenfolge so, wie sie der Anordnung in der Schaltung entspricht, dann können auch die Zeiger von Teilsummen unmittelbar aus dem Zeigerbild entnommen werden, z.B. in Abb. 13.4 b

$$U_{25} = U_2 + U_3 + U_4 = -(U_5 + U_6 + U_1).$$

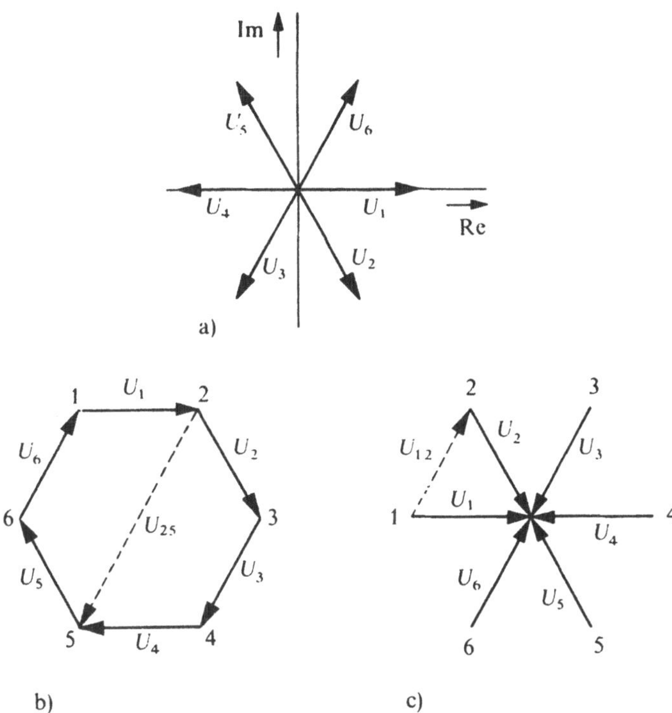

Abb. 13.4 Zeigerdiagramme des symmetrischen Sechsphasensystems

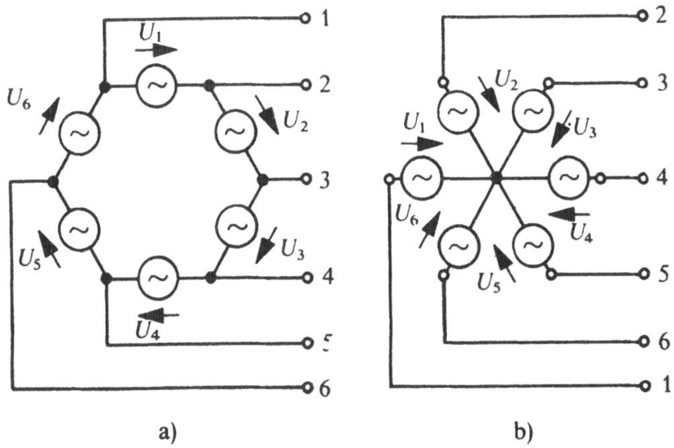

Abb. 13.5 Ring- und Sternschaltung des symmetrischen Sechsphasensystems

Um die Phasenlage der einzelnen Spannungen schon im Schaltbild kenntlich zu machen, zeichnet man manchmal die einzelnen Spannungsquellen so, daß die Zählpfeile der Spannungen zugleich die Richtungen der zugehörigen Zeiger in der komplexen Ebene angeben. In Abb. 13.5 sind die beiden Schaltungen von Abb. 13.3 in dieser Weise, d.h. mit den Richtungen der Zeiger von Abb. 13.4, umgezeichnet. Eine solche Darstellung bietet oft eine wertvolle Hilfe, andererseits verleitet sie zu Fehlschlüssen, wenn die Zeiger der komplexen Amplituden von den dargestellten Richtungen abweichen. Dann bleiben die Zählpfeile richtig, das Schaltbild suggeriert aber eine falsche Vorstellung von der Richtung der Zeiger.

13.2 Das Drehstromsystem

Das einfachste Mehrphasensystem aus n betragsgleichen Wechselspannungen, das die Bedingungen

$$\sum_{\nu=1}^{n} U_\nu = 0$$

und

$$\beta_\nu - \beta_{\nu-1} = \Delta\beta = \frac{2\pi}{n}$$

erfüllt und das außerdem ein Drehfeld zu erzeugen gestattet, ist das System mit $n = 3$. Hier ist der Phasenwinkel zwischen zwei aufeinanderfolgenden Komponenten

$$\Delta\beta = \frac{2\pi}{3} = \frac{4^{\llcorner}}{3} = 120^\circ .$$

Ein solches Dreiphasensystem nennt man ein Drehstromsystem. Fast alle elektrischen Energieversorgungsnetze sind heute als Drehstromsysteme ausgeführt.

Wir werden in den folgenden Abschnitten die Eigenschaften solcher Systeme behandeln, insbesondere die Erzeugung von Drehfeldern, die Wirkungsweise von Drehstrommaschinen und das den Drehstromsystemen besonders angepaßte Rechenverfahren mit sogenannten symmetrischen Komponenten.

13.2.1 Die Spannungen des symmetrischen Drehstromsystems

Die drei Spannungen bzw. Ströme eines Drehstromsystems werden üblicherweise mit den Buchstaben R, S, T indiziert und zwar in der Reihenfolge ihrer zeitlichen Maxima. Die Spannungen, die wir uns in drei gleichen räumlich um $2\pi/3$ versetzten Wicklungen eines Generators nach Abb. 13.1 erzeugt denken können, haben dann folgende Zeitabhängigkeit, wenn man für U_R den Nullphasenwinkel null ansetzt:

$$
\begin{aligned}
u_R(t) &= \hat{u}\cos\omega t \\
u_S(t) &= \hat{u}\cos\left(\omega t - \frac{2\pi}{3}\right) \\
u_T(t) &= \hat{u}\cos\left(\omega t - \frac{4\pi}{3}\right) = \hat{u}\cos\left(\omega t + \frac{2\pi}{3}\right).
\end{aligned}
\tag{13.5}
$$

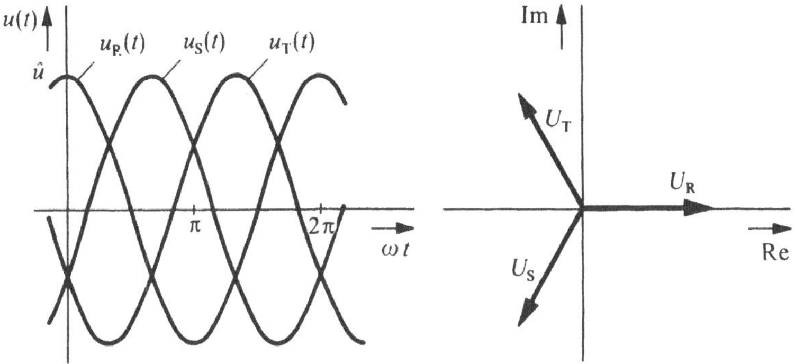

Abb. 13.6 Spannungen des symmetrischen Dreiphasensystems

Für die komplexen Amplituden bzw. die komplexen Effektivwerte, ergibt sich demnach

$$
\begin{aligned}
\underline{U}_R &= \hat{u} & \underline{\tilde{U}}_R &= \frac{\hat{u}}{\sqrt{2}} \\
\underline{U}_S &= \hat{u}\, e^{-j2\pi/3} & \underline{\tilde{U}}_S &= \frac{\hat{u}}{\sqrt{2}}\, e^{-j2\pi/3} \\
\underline{U}_T &= \hat{u}\, e^{-j4\pi/3} = \hat{u}\, e^{j2\pi/3} & \underline{\tilde{U}}_T &= \frac{\hat{u}}{\sqrt{2}}\, e^{j2\pi/3}\,.
\end{aligned}
\tag{13.6}
$$

Die bei Rechnungen mit Drehstromsystemen immer wieder auftretende komplexe Zahl $e^{j2\pi/3}$ wird üblicherweise mit a bezeichnet. Sie hat den Betrag eins und bewirkt als Faktor eine Drehung um $2\pi/3$ im mathematisch positiven Sinn

$$a = e^{j2\pi/3} = \cos\frac{2\pi}{3} + j\sin\frac{2\pi}{3} = -\frac{1}{2} + j\frac{1}{2}\sqrt{3}\,. \qquad (13.7)$$

Wegen

$$e^{j4\pi/3} = e^{-j2\pi/3}$$

ist das Quadrat von a gleich dem Kehrwert und gleich dem konjugiert komplexen Wert von a :

$$a^2 = a^{-1} = a^* = -\frac{1}{2} - j\frac{1}{2}\sqrt{3}\,, \qquad (13.8)$$

und es gilt

$$a^3 = 1, \quad a^4 = a, \quad a^5 = a^2, \quad \text{usw.}$$

Wie man leicht nachprüfen kann, bestehen weiter folgende Beziehungen, die wir öfter benutzen werden

$$1 + a + a^2 = 0\,, \qquad (13.9)$$

$$a - a^2 = j\sqrt{3}\,, \qquad (13.11)$$

$$1 - a^2 = -j\sqrt{3}a\,. \qquad (13.12)$$

Mit dem Faktor a lassen sich U_S und U_T in Gleichung (13.6) einfach durch U_R ausdrücken:

$$U_S = a^2\,U_R \qquad (13.13)$$

$$U_T = a\;U_R\,. \qquad (13.14)$$

Mit Gleichung (13.9) ergibt sich für die Summe der drei Spannungen

$$U_R + U_S + U_T = U_R(1 + a^2 + a) = 0\,, \qquad (13.15)$$

was bei einem symmetrischen System erfüllt sein muß.

13.2.2 Die Verkettung im Drehstromsystem

Für die drei Spannungen eines Drehstromsystems sind zwei Arten der Verkettung gebräuchlich. Wenn die Spannungen exakt ein symmetrisches System bilden, lassen sich die drei zugehörigen Klemmenpaare nach Abb. 13.7 in Form eines Dreiecks zusammenschalten.

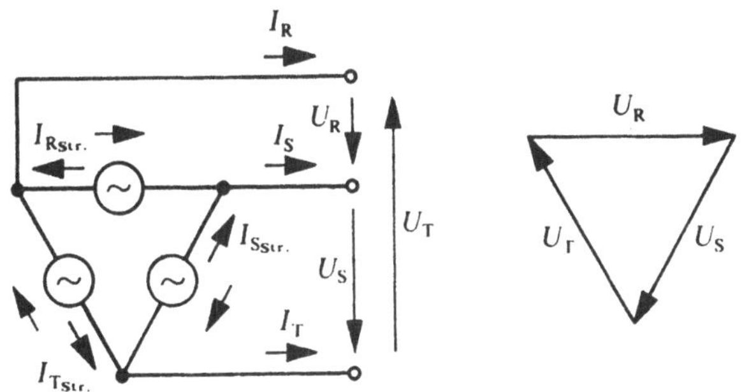

Abb. 13.7 Dreieckschaltung der Strangspannungsquellen

Ein Drehstromgenerator in dieser Dreieckschaltung benötigt also nur drei Anschlußklemmen; die Spannungen U_R, U_S, U_T zwischen den Klemmen sind gleich den Strangspannungen des Generators. Die Ströme I_R, I_S, I_T setzen sich nach der Knotengleichung aus den Strangströmen zusammen

$$I_R = I_{R\mathrm{Str}} - I_{T\mathrm{Str}}$$

$$I_S = I_{S\mathrm{Str}} - I_{R\mathrm{Str}}$$

$$I_T = I_{T\mathrm{Str}} - I_{S\mathrm{Str}} \,.$$

Die zweite gebräuchliche Verkettung ist die Sternschaltung nach Abb. 13.8. Hier braucht die Summe der drei Spannungen nicht den Wert null zu haben. Das System hat vier Klemmen, die man mit R, S, T und 0 (null) bezeichnet. Zwischen den vier Klemmen kann man sechs Spannungen abgreifen. Es ist üblich, diese Spannungen mit den Bezeichnungen der Klemmen zu indizieren, zwischen denen sie gemessen werden. Dabei bezeichnet der zweite Index die Spitze des Zählpfeiles, wie aus Abb. 13.8 hervorgeht.

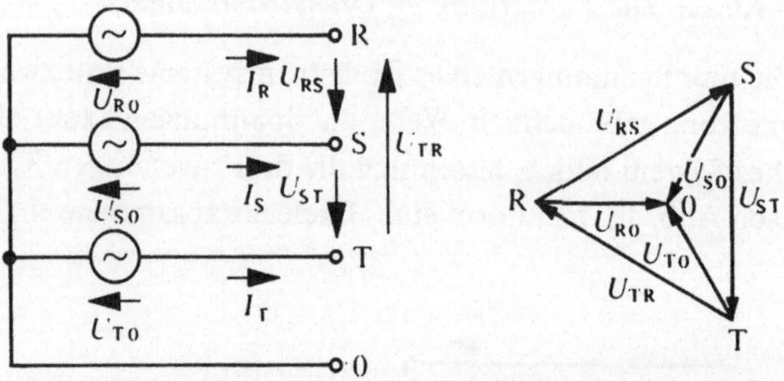

Abb. 13.8 Sternschaltung der Strangspannungsquellen

Amplituden- und Phasenbeziehungen der sechs Spannungen zueinander lassen sich für ein symmetrisches System unmittelbar aus dem Zeigerdiagramm der Abb. 13.8 ablesen. Die Rechnung ergibt für die Beziehungen zwischen den Dreieckspannungen U_{RS}, U_{ST}, U_{TR} und den Sternspannungen U_{R0}, U_{S0}, U_{T0} :

$$\begin{aligned} U_{RS} &= U_{R0} - U_{S0} \\ U_{ST} &= U_{S0} - U_{T0} \\ U_{TR} &= U_{T0} - U_{R0} \,. \end{aligned} \tag{13.16}$$

Mit

$$\begin{aligned} U_{S0} &= a^2 U_{R0} \\ U_{T0} &= a \; U_{R0} \end{aligned} \tag{13.17}$$

und den Gleichungen (13.11) und (13.12) erhält man

$$\begin{aligned} U_{RS} &= U_{R0}(1-a^2) = -\mathrm{j}a\sqrt{3}\; U_{R0} \\ U_{ST} &= U_{R0}(a^2-a) = -\mathrm{j}\sqrt{3}\; U_{R0} \\ U_{TR} &= U_{R0}(a-1) = -ja^2\sqrt{3}\; U_{R0} \,. \end{aligned}$$

Dreieck- und Sternspannungen bilden je für sich ein symmetrisches System, wobei sich die Beträge um den Faktor $\sqrt{3}$ unterscheiden. Es stehen also zwei Drehstromsysteme mit unterschiedlicher Spannung und Phasenlage zur Verfügung. Wegen dieses besonderen Vorteils wird die Sternschaltung mit Nulleiter in fast allen Niederspannungsnetzen der elektrischen Energieversorgung angewendet. Hier haben die beiden Gruppen üblicherweise Spannungen mit Effektivwerten von 220 V und 380 V.

13.2.3 Die Analyse von Drehstromnetzen

Zur Analyse von Drehstromnetzen im eingeschwungenen Zustand, d.h. zur Berechnung der komplexen Amplituden der Ströme und Spannungen dienen die bekannten Methoden der Netzwerk-Analyse, wie sie in den Abschnitten 4 und 10.4 beschrieben sind. Das Besondere ist nur, daß in Drehstromnetzen die Generatorspannungen und im allgemeinen auch die Verbraucherwiderstände immer in Dreiergruppen auftreten. Man hat deshalb Rechenverfahren entwickelt, die hierauf besonders zugeschnitten sind. Eines davon ist im Abschnitt 13.3 beschrieben.

Wir behandeln zunächst zwei einfache Grundschaltungen, bestehend aus einem Drehstromgenerator und drei Verbraucherwiderständen. Der einfachste Fall liegt vor, wenn die drei Spannungsquellen des Generators und die drei Verbraucherwiderstände nach Abb. 13.9 im Dreieck geschaltet sind.

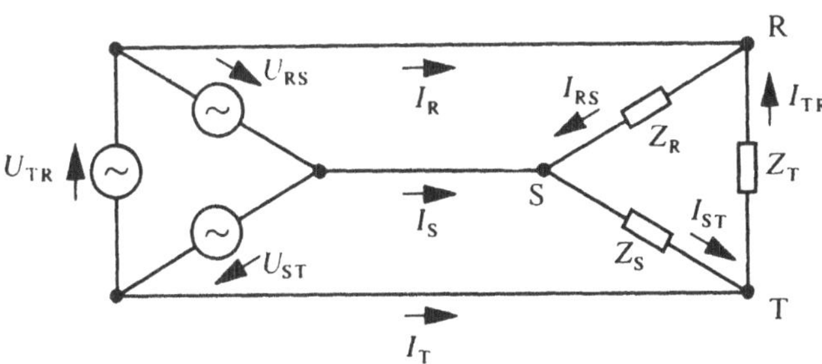

Abb. 13.9 Drehstromnetz in Dreieckschaltung

Dann ergibt sich für die Ströme in den Verbraucherwiderständen

$$I_{RS} = \frac{U_{RS}}{Z_R} \qquad I_{ST} = \frac{U_{ST}}{Z_S} \qquad I_{TR} = \frac{U_{TR}}{Z_T}$$

und für die Ströme in den Verbindungsleitungen

$$I_R = I_{RS} - I_{TR} = \frac{U_{RS}}{Z_R} - \frac{U_{TR}}{Z_T}$$

$$I_S = I_{ST} - I_{RS} = \frac{U_{ST}}{Z_S} - \frac{U_{RS}}{Z_R} \tag{13.19}$$

$$I_T = I_{TR} - I_{ST} = \frac{U_{TR}}{Z_T} - \frac{U_{ST}}{Z_S}$$

Etwas mehr Mühe macht die Berechnung der Ströme bei einer Sternschaltung nach Abb. 13.10. Wir behandeln dabei den allgemeinen Fall, daß die beiden Sternpunkte durch einen Widerstand mit beliebiger Impedanz Z_M miteinander verbunden sind, aus dem sich die Sonderfälle verbundener Sternpunkte ($Z_M = 0$) und vollständig getrennter Sternpunkte ($Z_M = \infty$) durch Grenzübergang gewinnen lassen.

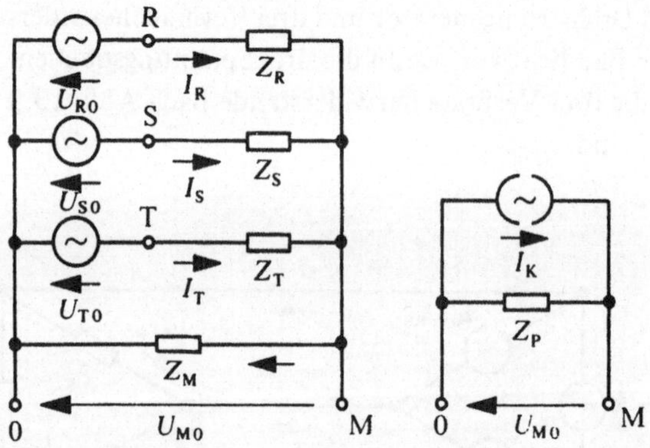

Abb. 13.10 Drehstromnetz in Sternschaltung mit Mittelpunktleiter

Die gesuchten Ströme I_R, I_S, I_T lassen sich unmittelbar angeben für den Fall $Z_M = 0$. Sie lassen sich aber auch noch einfach ermitteln, wenn man die Spannung zwischen den Sternpunkten U_{M0} kennt. Zur Bestimmung von U_{M0} betrachten wir die gesamte Schaltung zwischen den Klemmen M und 0 als Zweipol. Dann ist U_{M0} die Leerlaufspannung dieses Zweipols. Man berechnet sie am bequemsten aus Kurzschlußstrom und Innenwiderstand der zugehörigen Ersatzstromquelle. Für den bei Kurzschluß zwischen den Klemmen M und 0 fließenden Strom erhält man

$$I_K = \frac{U_{R0}}{Z_R} + \frac{U_{S0}}{Z_S} + \frac{U_{T0}}{Z_T} \ . \tag{13.20}$$

Der Innenwiderstand der Ersatzstromquelle ergibt sich aus der Parallelschaltung von Z_R, Z_S, Z_T und Z_M

$$\frac{1}{Z_P} = \frac{1}{Z_R} + \frac{1}{Z_S} + \frac{1}{Z_T} + \frac{1}{Z_M} \ . \tag{13.21}$$

Damit erhält man für die Leerlaufspannung U_{M0}

$$U_{M0} = Z_P I_K = \frac{\dfrac{U_{R0}}{Z_R} + \dfrac{U_{S0}}{Z_S} + \dfrac{U_{T0}}{Z_T}}{\dfrac{1}{Z_R} + \dfrac{1}{Z_S} + \dfrac{1}{Z_T} + \dfrac{1}{Z_M}} \ . \tag{13.22}$$

Dieser Wert, in die Gleichungen

$$I_R = \frac{U_{R0} - U_{M0}}{Z_R}$$

$$I_S = \frac{U_{S0} - U_{M0}}{Z_S}$$

$$I_T = \frac{U_{T0} - U_{M0}}{Z_T}$$

eingesetzt, liefert das Ergebnis

$$I_R = \frac{U_{R0}(Z_S Z_T + Z_T Z_M + Z_M Z_S) - U_{S0} Z_T Z_M - U_{T0} Z_M Z_S}{Z_R Z_S Z_T + Z_S Z_T Z_M + Z_T Z_M Z_R + Z_M Z_R Z_S} \ . \tag{13.23}$$

I_S und I_T folgen hieraus durch zyklisches Vertauschen der Indizes R, S, T.

Selbstverständlich hätten wir auch schematisch vorgehen und die Ströme I_R, I_S, I_T nach den allgemeinen Verfahren der Knoten- oder

Maschenanalyse berechnen können. Wählen wir z.B. die Maschenanalyse und als Baum den Zweig mit dem Widerstand Z_M, dann ergeben sich für die Ströme I_R, I_S, I_T die Gleichungen

$$\begin{aligned}(Z_R + Z_M) I_R + \quad Z_M I_S + \quad Z_M I_T &= U_{R0}\\ Z_M I_R + (Z_S + Z_M) I_S + \quad Z_M I_T &= U_{S0}\\ Z_M I_R + \quad Z_M I_S + (Z_T + Z_M) I_T &= U_{T0}\end{aligned} \tag{13.27}$$

Die Koeffizienten dieses Gleichungssystems bilden die Impedanzmatrix $\boldsymbol{Z}$ des Netzes

$$\boldsymbol{Z} = \begin{bmatrix} Z_M + Z_R & Z_M & Z_M \\ Z_M & Z_M + Z_S & Z_M \\ Z_M & Z_M & Z_M + Z_T \end{bmatrix} \tag{13.28}$$

Auflösen des Gleichungssystems, d.h. Inversion der Matrix $\boldsymbol{Z}$, liefert wieder die Ergebnisse (13.23).

Bei komplizierten Netzen ist die allgemeine Methode der Netzwerkanalyse die einzige, die sicher zum Ziel führt. Im Abschnitt 13.3 wird gezeigt, wie sich dabei durch eine lineare Transformation der Ströme und Spannungen in Drehstromnetzen Vereinfachungen erzielen lassen.

Größe und Richtung der komplexen Amplituden der einzelnen Spannungen oder Ströme für einen bestimmten Betriebsfall lassen sich übersichtlich in einem Zeigerdiagramm nach Abb. 13.11 darstellen.

Hier ist ein symmetrisches System für die Generatorspannungen, aber eine unsymmetrische Belastung mit drei verschiedenen Impedanzen Z_R, Z_S, Z_T angenommen, so daß die Spannung U_{M0} nicht verschwindet. Für symmetrische Belastung

$$Z_R = Z_S = Z_T$$

wird $U_{M0} = 0$, die Punkte M und 0 fallen zusammen. Für dieses symmetrische Drehstromnetz genügt es, einen Leiterstrom zu berechnen;

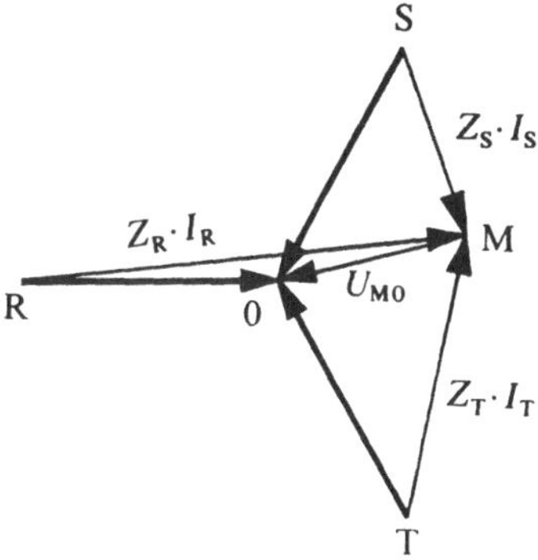

Abb. 13.11 · Zeigerdiagramm eines unsymmetrisch belasteten Drehstromnetzes nach Abb. 13.10

die anderen erhält man durch Multiplikation mit a, bzw. a^2. Ein solches Dreiphasensystem läßt sich durch ein Einphasensystem beschreiben.

Beispiel: Netz mit Erdschlußspule

Die eben behandelte Sternschaltung können wir als Modell eines Drehstromnetzes nach Abb. 13.12 betrachten, in dem ein Drehstromgenerator über eine Fernleitung einen Verbraucher speist. Der Sternpunkt der drei Verbraucherwiderstände sei geerdet. Die Erdkapazität der Fernleitung werde nachgebildet durch drei Kondensatoren parallel zu den Verbrauchern. Die Leitwerte der drei Verbraucher, ebenso die drei Erdkapazitäten werden als gleich angenommen. Der Generatorsternpunkt ist mit dem Sternpunkt der drei Verbraucherwiderstände über eine Spule der Impedanz $Z_M = j\omega L$ verbunden. Wenn die drei Generatorspannungen ein symmetrisches System bilden

$$U_{R0} = U, \quad U_{S0} = a^2 U, \quad U_{T0} = aU\,, \tag{13.29}$$

wird $U_{M0} = 0$, und für die drei Verbraucherströme gilt

$$I_R = (G + j\omega C)U\,, \quad I_S = a^2 I_R\,, \quad I_T = a\, I_T \tag{13.30}$$

und zwar unabhängig von Z_M.

Wir fragen nun nach dem Wert von Z_M, für den bei Kurzschluß in einem der Verbraucherzweige der Kurzschlußstrom auf einen möglichst

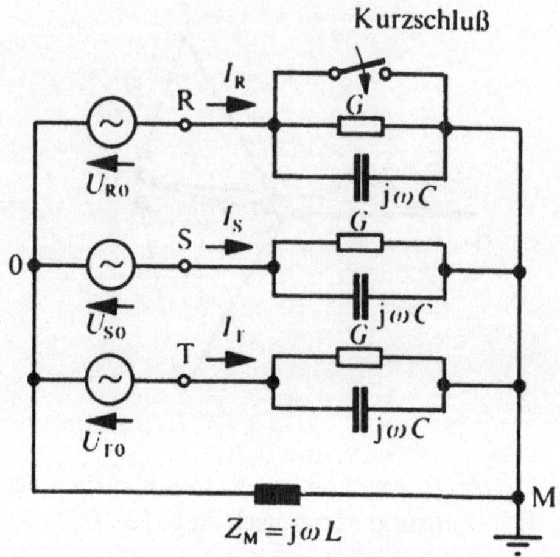

Abb. 13.12 Drehstromnetz mit Petersenspule

kleinen Wert begrenzt wird. Wenn wir den Kurzschluß im Zweig R annehmen (Schalter geschlossen) und

$$Z_R = 0$$

$$1/Z_S = 1/Z_T = G + j\omega C$$

einsetzen, so ergibt sich mit Gleichung (13.29) für den Strom im kurzgeschlossenem Zweig nach Gleichung (13.23):

$$I_R = U \frac{Z_S + 3Z_M}{Z_M Z_S} = U\left(\frac{1}{Z_M} + 3G + j3\omega C\right) . \qquad (13.31)$$

Der Betrag dieses Stromes wird minimal, wenn man

$$Z_M = \frac{j}{3\omega C}$$

wählt. Diese Impedanz läßt sich durch eine Spule der Induktivität

$$L = \frac{1}{3\omega^2 C} , \qquad (13.32)$$

realisieren, die mit der Parallelschaltung der drei Kondensatoren bei der Betriebsfrequenz in Resonanz ist. Eine solche Spule zur Begrenzung des Erdschlußstromes wurde erstmalig 1913 von Petersen vorgeschlagen.

13.2.4 Die Leistung im Drehstromsystem

Die in einem Drehstromsystem mit den Spannungen u_R, u_S, u_T und den Strömen i_R, i_S, i_T transportierte augenblickliche Leistung ist die Summe der Leistungen der einzelnen Stränge

$$P(t)=P_R(t)+P_S(t)+P_T(t)$$
$$= u_R(t)i_R(t) + u_S(t)i_S(t) + u_T(t)i_T(t). \tag{13.33}$$

Benutzt man für die Spannungen und Ströme die Darstellung mit komplexen Amplituden

$$u_R = \mathrm{Re}\,\{U_R\, e^{j\omega t}\}, \quad i_R = \mathrm{Re}\,\{I_R\, e^{j\omega t}\},$$

so ergibt sich, entsprechend Abschnitt 10.9 für einen Summanden

$$P_R(t) = \frac{1}{4}(U_R I_R\, e^{2j\omega t} + U_R^* I_R^*\, e^{-2j\omega t} + U_R I_R^* + U_R^* I_R) \tag{13.34}$$

und für die Summe (13.33)

$$P(t) = \frac{1}{4}(U_R I_R + U_S I_S + U_T I_T)\, e^{2j\omega t} +$$
$$+ \frac{1}{4}(U_R^* I_R^* + U_S^* I_S^* + U_T^* I_T^*)\, e^{-2j\omega t} + \tag{13.35}$$
$$+ \frac{1}{4}(U_R I_R^* + U_R^* I_R + U_S I_S^* + U_S^* I_S + U_T I_T^* + U_T^* I_T).$$

Die beiden zeitabhängigen Summanden verschwinden, wenn die Bedingung

$$U_R I_R + U_S I_S + U_T I_T = 0 \tag{13.36}$$

erfüllt ist. Das ist u.a. der Fall, wenn die drei Spannungen ein symmetrisches System bilden

$$U_R = U, \quad U_S = a^2 U, \quad U_T = aU$$

und die drei Verbraucherwiderstände gleiche Impedanzen haben

$$U_R = I_R Z, \quad U_S = I_S Z, \quad U_T = I_T Z .$$

Bei diesem Betriebszustand, den man immer anstrebt, ist also die Gesamtleistung zeitlich konstant. Auch wenn die Bedingung (13.36) nicht exakt erfüllt ist, die Abweichungen aber nicht sehr groß sind, wie es bei praktisch ausgeführten Systemen gewöhnlich der Fall ist, schwankt die Leistung nur wenig um den Mittelwert

$$\overline{P} = \frac{1}{4}\left(U_R I_R^* + U_R^* I_R + U_S I_S^* + U_S^* I_S + U_T I_T^* + U_T^* I_T\right)$$

$$\overline{P} = \frac{1}{2}\,\mathrm{Re}\,\{U_R I_R^* + U_S I_S^* + U_T I_T^*\}\,, \tag{13.37}$$

der in der Schreibweise mit komplexen Effektivwerten lautet

$$\overline{P} = \mathrm{Re}\,\{\widetilde{U}_R \widetilde{I}_R^* + \widetilde{U}_S \widetilde{I}_S^* + \widetilde{U}_T \widetilde{I}_T^*\}\,.$$

Deshalb benötigen Drehstromgeneratoren zum Antrieb ein zeitlich nahezu konstantes Drehmoment. Das ist ein großer Vorteil gegenüber Einphasensystemen, bei denen nach Gleichung (13.34) die Leistung zwischen null und dem Doppelten des Mittelwertes schwankt.

Bei symmetrischen Spannungen nach Gleichung (13.6) und symmetrischen Strömen

$$I_R = \hat{i}\, e^{j\varphi}, \quad I_S = a^2\, \hat{i}\, e^{j\varphi}, \quad I_T = a\, \hat{i}\, e^{j\varphi}$$

ist die Leistung nach Gleichung (13.37)

$$\overline{P} = \frac{1}{2}\,\mathrm{Re}\,\{\hat{u}\,\hat{i}\,e^{-j\varphi} + a^2 \hat{u}\, a\, \hat{i}\, e^{-j\varphi} + a\hat{u}\, a^2\, \hat{i}\, e^{-j\varphi}\}$$

$$\overline{P} = \frac{3}{2}\,\hat{u}\cdot\hat{i}\cos\varphi\,. \tag{13.38}$$

Setzt man statt der Spitzenwerte die Effektivwerte ein

$$\sqrt{2}\, u_{\mathrm{eff}} = \hat{u} \qquad \sqrt{2}\, i_{\mathrm{eff}} = \hat{i}$$

so ergibt sich

$$\overline{\overline{P}} = 3u_{\text{eff}}\, i_{\text{eff}} \cos\varphi\,.$$

In der Energietechnik setzt man häufig statt der Sternspannung die um $\sqrt{3}$ größere Dreieckspannung $u_{\Delta\text{eff}} = \sqrt{3}\, u_{\text{eff}}$ ein und schreibt

$$\overline{P} = \sqrt{3}\, u_{\Delta\text{eff}}\, i_{\text{eff}} \cos\varphi\,.$$

Hier bedeutet aber φ weiterhin den Winkel zwischen Strom und Sternspannung. Wir werden diese mißverständliche Formel nicht verwenden.

13.3 Symmetrische Komponenten

In Drehstromnetzen treten alle Spannungen und Ströme in Dreiergruppen auf, die jeweils zumindest näherungsweise symmetrische Systeme bilden. Es gilt also gewöhnlich

$$Z_{\text{R}} \approx Z_{\text{S}} \approx Z_{\text{T}}\,.$$

Bei den bisher behandelten allgemeinen Analyseverfahren bringt dieser Umstand aber keine Vereinfachung.

Es liegt nahe, bei der Analyse von Drehstromnetzen die Dreiergruppen der komplexen Amplituden der Ströme und Spannung einer passenden Transformation zu unterwerfen, und zwar alle Gruppen der gleichen Transformation. Sie soll so gewählt werden, daß die Gleichungen sich möglichst vereinfachen, wenn die Ströme, Spannungen und Impedanzen symmetrische Systeme bilden. Die Transformation muß linear sein, wenn in einem linearen Netz der lineare Zusammenhang zwischen den Größen erhalten bleiben soll.

13.3.1 Die Transformationen der Spannungen und Ströme auf symmetrische Komponenten

Die allgemeine lineare homogene Transformation, die drei Spannungen U_{R}, U_{S}, U_{T} mit drei anderen U'_0, U'_1, U'_2 verknüpft, lautet

$$\begin{aligned} U_{\text{R}} &= t_{11} U'_0 + t_{12} U'_1 + t_{13} U'_2 \\ U_{\text{S}} &= t_{21} U'_0 + t_{22} U'_1 + t_{23} U'_2 \\ U_{\text{T}} &= t_{31} U'_0 + t_{32} U'_1 + t_{33} U'_2 \end{aligned} \qquad (13.39)$$

Wir kennzeichnen die transformierten Größen hier vorläufig mit einem Strich, um sie von den später endgültig benutzten zu unterscheiden, deren Beträge um $\sqrt{3}$ kleiner sind.

Die Transformation schreiben wir in der abgekürzten Form einer Matrizengleichung. Mit den Spaltenmatrizen

$$\boldsymbol{U}_{\mathrm{RST}} = \begin{bmatrix} U_{\mathrm{R}} \\ U_{\mathrm{S}} \\ U_{\mathrm{T}} \end{bmatrix} \qquad \boldsymbol{U}'_{012} = \begin{bmatrix} U'_0 \\ U'_1 \\ U'_2 \end{bmatrix} \tag{13.40}$$

und der Transformationsmatrix

$$\boldsymbol{t} = \begin{bmatrix} t_{11} & t_{12} & t_{13} \\ t_{21} & t_{22} & t_{23} \\ t_{31} & t_{32} & t_{33} \end{bmatrix}$$

lautet Gleichung (13.39) in abgekürzter Form

$$\boldsymbol{U}_{\mathrm{RST}} = \boldsymbol{t} \cdot \boldsymbol{U}'_{012} \,. \tag{13.39}$$

Die Umkehrung dieser Gleichung ergibt

$$\boldsymbol{U}'_{012} = \boldsymbol{t}^{-1} \cdot \boldsymbol{U}'_{\mathrm{RST}} \,. \tag{13.41}$$

Dabei bedeutet $\boldsymbol{t}^{-1}$ die Kehrmatrix von $\boldsymbol{t}$, die durch die Beziehung

$$\boldsymbol{t}^{-1} \cdot \boldsymbol{t} = \boldsymbol{t} \cdot \boldsymbol{t}^{-1} = \boldsymbol{E} \tag{13.42}$$

definiert ist, wobei

$$\boldsymbol{E} = \begin{bmatrix} 1 & 0 & 0 \\ 0 & 1 & 0 \\ 0 & 0 & 1 \end{bmatrix}$$

die Einheitsmatrix ist.

Die Dreiergruppen der Stromamplituden werden der gleichen Transformation unterworfen wie die Spannungen. Es gilt also mit den Spaltenmatrizen

$$\boldsymbol{I}_{\mathrm{RST}} = \begin{bmatrix} I_{\mathrm{R}} \\ I_{\mathrm{S}} \\ I_{\mathrm{T}} \end{bmatrix} \qquad \boldsymbol{I}'_{012} = \begin{bmatrix} I'_0 \\ I'_1 \\ I'_2 \end{bmatrix} ;$$

$$\boldsymbol{I}_{\mathrm{RST}} = \boldsymbol{t} \cdot \boldsymbol{I}'_{012} \tag{13.43}$$

$$\boldsymbol{I}'_{012} = \boldsymbol{t}^{-1} \cdot \boldsymbol{I}_{\mathrm{RST}} \,. \tag{13.44}$$

Die Koeffizienten der Matrix $\boldsymbol{t}$ sind nun so zu bestimmen, daß das Rechnen mit den transformierten Variablen in Drehstromnetzen möglichst einfach wird. Die gebräuchlichste Transformation ist die auf sogenannte symmetrische Komponenten. Sie erfüllt die folgenden beiden Bedingungen:

a) Ein symmetrisches System von Spannungen oder Strömen, z.B.

$$\boldsymbol{U}_{\mathrm{RST}} = \begin{bmatrix} 1 \\ a^2 \\ a \end{bmatrix} U$$

soll bei der Transformation in ein System mit nur einer von null verschiedenen Komponente übergehen.

b) die komplexe Leistung

$$S = \frac{1}{2} \left(I^*_{\mathrm{R}} U_{\mathrm{R}} + I^*_{\mathrm{S}} U_{\mathrm{S}} + I^*_{\mathrm{T}} U_{\mathrm{T}} \right) \tag{13.45}$$

soll bei der Transformation unverändert bleiben.

Wir ermitteln zunächst, welche Bedingungen der Transformationsmatrix durch b) auferlegt werden. Dazu schreiben wir S in der abgekürzten Form

$$S = \frac{1}{2} \left(\boldsymbol{I}^*_{\mathrm{RST}} \right)^{\mathrm{T}} \cdot \boldsymbol{U}_{\mathrm{RST}} \,,$$

dabei bezeichnet der hochgestellte Index T das Vertauschen von Zeilen und Spalten (Transponieren) einer Matrix. Durch Transponieren wird aus der Spaltenmatrix $\boldsymbol{I}_{\mathrm{RST}}$ eine Zeilenmatrix

$$\left(\boldsymbol{I}_{\mathrm{RST}} \right)^{\mathrm{T}} = \left(I_{\mathrm{R}} \quad I_{\mathrm{S}} \quad I_{\mathrm{T}} \right) \,.$$

Das Produkt dieser Zeilenmatrix mit der Spaltenmatrix $\boldsymbol{U}_{\mathrm{RST}}$ ergibt gerade (13.45), wenn man bei $\boldsymbol{I}_{\mathrm{RST}}$ noch die konjugiert komplexen Werte der Koeffizienten einsetzt.

Die Bedingung, daß die komplexe Leistung bei der Transformation unverändert bleiben soll, läßt sich demnach in der Form

$$(\boldsymbol{I}'^{*}_{012})^{\mathrm{T}} \cdot \boldsymbol{U}'_{012} = (\boldsymbol{I}^{*}_{\mathrm{RST}})^{\mathrm{T}} \cdot \boldsymbol{U}_{\mathrm{RST}}$$

schreiben. Einsetzen der Gleichungen (13.39) und (13.43) führt zu

$$(\boldsymbol{I}'^{*}_{012})^{\mathrm{T}} \cdot \boldsymbol{U}'_{012} = (\boldsymbol{t}^{*} \cdot \boldsymbol{I}'^{*}_{012})^{\mathrm{T}} \cdot (\boldsymbol{t} \cdot \boldsymbol{U}'_{012}). \qquad (13.46)$$

Nach den Regeln der Matrizenrechnung gilt für die Transponierte eines Matrizenproduktes

$$(\boldsymbol{t} \cdot \boldsymbol{I}'_{012})^{\mathrm{T}} = (\boldsymbol{I}'_{012})^{\mathrm{T}} \cdot \boldsymbol{t}^{\mathrm{T}} ,$$

wovon man sich durch Nachrechnen überzeugt,
so daß die Bedingung für die Leistungsinvarianz (13.46) die Form

$$(\boldsymbol{I}'^{*}_{012})^{\mathrm{T}} \cdot \boldsymbol{U}'_{012} = (\boldsymbol{I}'^{*}_{012})^{\mathrm{T}} \cdot \boldsymbol{t}^{*\mathrm{T}} \cdot \boldsymbol{t} \cdot \boldsymbol{U}'_{012}$$

erhält. Diese Gleichung ist nur erfüllt, wenn

$$\boldsymbol{t}^{*\mathrm{T}} \cdot \boldsymbol{t} = \boldsymbol{E} \qquad (13.47)$$

gilt. Das ist aber wegen Gleichung (13.42) gleichwertig mit

$$\boldsymbol{t}^{-1} = \boldsymbol{t}^{*\mathrm{T}} , \qquad (13.48)$$

d.h. die Transformationsmatrix $\boldsymbol{t}$ muß so beschaffen sein, daß sich die Kehrmatrix $\boldsymbol{t}^{-1}$ ergibt, wenn man Zeilen und Spalten miteinander vertauscht und allen Matrixelementen ihren konjugiert komplexen Wert gibt. Matrizen mit dieser Eigenschaft bezeichnet man als unitär.

Ausführlich geschrieben, lautet die Bedingung, daß $\boldsymbol{t}$ eine unitäre Matrix sein muß

$$\begin{bmatrix} t_{11}^* & t_{21}^* & t_{31}^* \\ t_{12}^* & t_{22}^* & t_{32}^* \\ t_{13}^* & t_{23}^* & t_{33}^* \end{bmatrix} \cdot \begin{bmatrix} t_{11} & t_{12} & t_{13} \\ t_{21} & t_{22} & t_{23} \\ t_{31} & t_{32} & t_{33} \end{bmatrix} = \begin{bmatrix} 1 & 0 & 0 \\ 0 & 1 & 0 \\ 0 & 0 & 1 \end{bmatrix} . \tag{13.47}$$

Sie ergibt nur 6 voneinander verschiedene Gleichungen, legt also die 9 Koeffizienten der Matrix $\boldsymbol{t}$ noch nicht eindeutig fest.

Eine unitäre Matrix, die außerdem die Bedingung a) und eine weitere, die wir im Abschnitt 13.3.2 behandeln werden, erfüllt, ist

$$\boldsymbol{t} = \frac{1}{\sqrt{3}} \begin{bmatrix} 1 & 1 & 1 \\ 1 & a^2 & a \\ 1 & a & a^2 \end{bmatrix} \tag{13.48}$$

mit der Kehrmatrix

$$\boldsymbol{t}^{-1} = \boldsymbol{t}^{*\mathrm{T}} = \frac{1}{\sqrt{3}} \begin{bmatrix} 1 & 1 & 1 \\ 1 & a & a^2 \\ 1 & a^2 & a \end{bmatrix} ;$$

dabei ist $a = \mathrm{e}^{\mathrm{j}2\pi/3}$.

In der Energietechnik ist es seit Einführung dieser Transformation durch I. C. L. Fortescue um 1918 üblich, den Faktor $1/\sqrt{3}$ bei der Matrix $\boldsymbol{t}$ wegzulassen. Die komplexe Leistung im transformierten Netz ist dann um den Faktor 1/3 kleiner als im ursprünglichen Netz. Man schreibt für die Matrix dieser nicht leistungsinvarianten Transformation $\boldsymbol{s}$ statt $\boldsymbol{t}$ und für die transformierten Spannungs- und Stromamplituden U_0, U_1, U_2 bzw. I_0, I_1, I_2 ohne Strich. Es gilt also

$$\boldsymbol{s} = \begin{bmatrix} 1 & 1 & 1 \\ 1 & a^2 & a \\ 1 & a & a^2 \end{bmatrix} \tag{13.49}$$

$$\boldsymbol{s}^{-1} = \frac{1}{3} \begin{bmatrix} 1 & 1 & 1 \\ 1 & a & a^2 \\ 1 & a^2 & a \end{bmatrix} \tag{13.50}$$

$$\boldsymbol{s}^{-1} = \frac{1}{3} \boldsymbol{s}^{*\mathrm{T}} \tag{13.51}$$

und

$$\boldsymbol{U}_{\mathrm{RST}} = \boldsymbol{s} \cdot \boldsymbol{U}_{012} \tag{13.52}$$

$$\boldsymbol{I}_{\mathrm{RST}} = \boldsymbol{s} \cdot \boldsymbol{I}_{012} \tag{13.53}$$

$$\boldsymbol{U}_{012} = \boldsymbol{s}^{-1} \cdot \boldsymbol{U}_{\mathrm{RST}} \tag{13.54}$$

$$\boldsymbol{I}_{012} = \boldsymbol{s}^{-1} \cdot \boldsymbol{I}_{\mathrm{RST}} \; . \tag{13.55}$$

Im folgenden werden wir diese Form der Transformation verwenden. Ausführlich geschrieben lauten die Transformationsgleichungen z.B. für die Spannungen

$$\begin{aligned} U_{\mathrm{R}} &= U_0 + U_1 + U_2 \\ U_{\mathrm{S}} &= U_0 + a^2 U_1 + a\, U_2 \\ U_{\mathrm{T}} &= U_0 + a\, U_1 + a^2 U_2 \end{aligned} \tag{13.52}$$

$$\begin{aligned} U_0 &= \frac{1}{3}(U_{\mathrm{R}} + U_{\mathrm{S}} + U_{\mathrm{T}}) \\ U_1 &= \frac{1}{3}(U_{\mathrm{R}} + a\, U_{\mathrm{S}} + a^2 U_{\mathrm{T}}) \\ U_2 &= \frac{1}{3}(U_{\mathrm{R}} + a^2 U_{\mathrm{S}} + a\, U_{\mathrm{T}}) \; . \end{aligned} \tag{13.54}$$

Aus ihnen ergibt sich auch eine unmittelbar anschauliche Interpretation der transformierten Größen. Setzt man in Gleichung (13.52)

$$U_0 = 0 \quad \text{und} \quad U_2 = 0 \, ,$$

so wird

$$U_{\mathrm{R}} = U_1 , \quad U_{\mathrm{S}} = a^2 U_1 , \quad U_{\mathrm{T}} = a U_1 \; .$$

Die Komponente U_1 repräsentiert also ein System von Spannungen mit einem Zeigerbild nach Abb. 13.13 a. Man bezeichnet es als Mitsystem, weil die Reihenfolge der Spannungsmaxima mit der üblichen Folge R – S – T übereinstimmt.

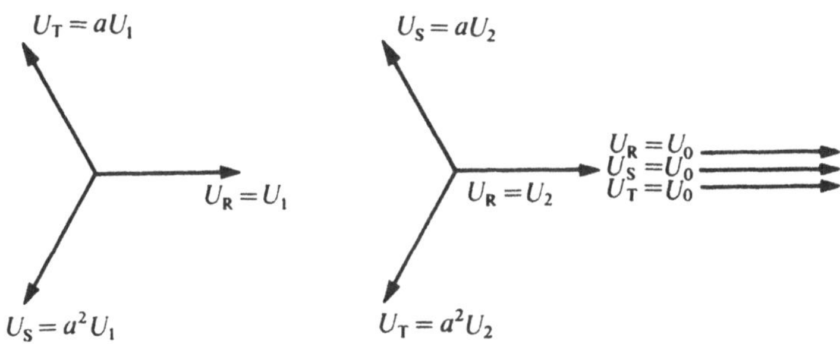

Abb. 13.13 Symmetrische Komponentensysteme

Setzt man in Gleichung (13.52)

$$U_0 = 0 \quad \text{und} \quad U_1 = 0\,,$$

so wird

$$U_R = U_2\,, \quad U_S = aU_2\,, \quad U_T = a^2 U_2\,.$$

Die Komponente U_2 repräsentiert also ein System von Spannungen mit einem Zeigerbild nach Abb. 13.13 b, bei der die Folge R – S – T entgegengesetzt zur Reihenfolge der Spannungsmaxima ist. Man bezeichnet es als Gegensystem. Schließlich erhält man für

$$U_1 = 0 \quad \text{und} \quad U_2 = 0$$

ein System aus drei gleichen Spannungen

$$U_R = U_0\,, \quad U_S = U_0\,, \quad U_T = U_0\,,$$

mit einem Zeigerbild nach Abb. 13.13 c, das man als Nullsystem bezeichnet.

Jede Kombination von drei Spannungen oder Strömen wird also durch die Transformation in die Komponenten Null-, Mit- und Gegensystem zerlegt, die man deswegen symmetrische Komponenten nennt.

Haben die drei Spannungs- oder Stromamplituden ein Zeigerbild nach Abb. 13.13 a, 13.13 b oder 13.13 c, dann hat das transformierte System nur eine Komponente. Gilt das nur näherungsweise, dann sind im transformierten System zwar alle Komponenten von null verschieden, eine ist jedoch vorherrschend; die beiden anderen spielen die Rolle von Korrekturgrößen. Transformiert man z.B. die Spannungen

$$U_R = 1{,}1\, U, \quad U_S = a^2 U, \quad U_T = aU,$$

so ergeben sich die symmetrischen Komponenten

$$U_0 = \frac{0{,}1}{3}\, U, \quad U_1 = \frac{3{,}1}{3}\, U, \quad U_2 = \frac{0{,}1}{3}\, U\,.$$

13.3.2 Die Transformation der Matrizengleichungen auf symmetrische Komponenten

Wir untersuchen nun, wie sich die linearen Gleichungen, die die Dreiergruppen der Ströme und Spannungen miteinander verknüpfen, beim Übergang auf transformierte Variable ändern und betrachten hierzu ein Gleichungssystem in der Widerstandsform (siehe Abschnitt 13.2.3)

$$\begin{aligned} U_R &= Z_{11}\, I_R + Z_{12}\, I_S + Z_{13}\, I_T \\ U_S &= Z_{21}\, I_R + Z_{22}\, I_S + Z_{23}\, I_T \\ U_T &= Z_{31}\, I_R + Z_{32}\, I_S + Z_{33}\, I_T\,. \end{aligned} \tag{13.55}$$

In Matrizenschreibweise ergibt sich mit den Spaltenmatrizen $\boldsymbol{U}_{RST}$ und $\boldsymbol{I}_{RST}$ und der Impedanzmatrix

$$\boldsymbol{Z} = \begin{bmatrix} Z_{11} & Z_{12} & Z_{13} \\ Z_{21} & Z_{22} & Z_{23} \\ Z_{31} & Z_{32} & Z_{33} \end{bmatrix} \tag{13.56}$$

aus den Gleichungen (13.55) die Kurzform

$$\boldsymbol{U}_{\mathrm{RST}} = \boldsymbol{Z} \cdot \boldsymbol{I}_{\mathrm{RST}} \ . \tag{13.55}$$

Führt man hier die transformierten Spannungen und Ströme mit den Gleichungen

$$\boldsymbol{U}_{\mathrm{RST}} = \boldsymbol{s} \cdot \boldsymbol{U}_{012} \quad \text{und} \quad \boldsymbol{I}_{\mathrm{RST}} = \boldsymbol{s} \cdot \boldsymbol{I}_{012}$$

ein, so wird aus Gleichung (13.55)

$$\boldsymbol{s} \cdot \boldsymbol{U}_{012} = \boldsymbol{Z} \cdot \boldsymbol{s} \cdot \boldsymbol{I}_{012} \ .$$

Multiplizieren dieser Gleichung mit $\boldsymbol{s}^{-1}$ von links liefert das Ergebnis

$$\boldsymbol{U}_{012} = \boldsymbol{s}^{-1} \cdot \boldsymbol{Z} \cdot \boldsymbol{s} \cdot \boldsymbol{I}_{012} \ . \tag{13.57}$$

Bei der Transformation der Ströme und Spannungen mit der Matrix $\boldsymbol{s}$ geht also eine Matrix $\boldsymbol{Z}$ über in die transformierte Matrix

$$\boldsymbol{s}^{-1} \cdot \boldsymbol{Z} \cdot \boldsymbol{s} \ .$$

Entsprechend geht eine Admittanzmatrix $\boldsymbol{Y}$ über in

$$\boldsymbol{s}^{-1} \cdot \boldsymbol{Y} \cdot \boldsymbol{s} \ .$$

Diese Transformation mit der Matrix $\boldsymbol{s}$ nach Gleichung (13.49) verwandelt alle Matrizen mit zyklischem Aufbau in Diagonalmatrizen. Matrizen von zyklischem Aufbau entstehen immer, wenn die Eigenschaften des Netzes sich nicht ändern, wenn man die Klemmen R – S – T zyklisch miteinander vertauscht. Das zyklische Vertauschen der Klemmen entspricht bei den Spaltenmatrizen $\boldsymbol{U}_{\mathrm{RST}}$ und $\boldsymbol{I}_{\mathrm{RST}}$ einem zyklischen Vertauschen der Komponenten, bei einer Matrix $\boldsymbol{Z}$ also einem zyklischen Vertauschen von Zeilen und Spalten. Wenn die Matrix sich hierbei nicht ändern soll, muß sie die Form

$$\boldsymbol{Z} = \begin{bmatrix} Z_a & Z_b & Z_c \\ Z_c & Z_a & Z_b \\ Z_b & Z_c & Z_a \end{bmatrix} \tag{13.58}$$

haben. Die Multiplikation einer solchen Matrix mit $\boldsymbol{s}^{-1}$ und $\boldsymbol{s}$ ergibt

$$s^{-1}\cdot \boldsymbol{Z}\cdot s=\frac{1}{3}\begin{bmatrix}1 & 1 & 1\\ 1 & a & a^2\\ 1 & a^2 & a\end{bmatrix}\cdot\begin{bmatrix}Z_a & Z_b & Z_c\\ Z_c & Z_a & Z_b\\ Z_b & Z_c & Z_a\end{bmatrix}\cdot\begin{bmatrix}1 & 1 & 1\\ 1 & a^2 & a\\ 1 & a & a^2\end{bmatrix}$$

$$=\frac{1}{3}\begin{bmatrix}1 & 1 & 1\\ 1 & a & a^2\\ 1 & a^2 & a\end{bmatrix}\cdot\begin{bmatrix}Z_a+Z_b+Z_c & Z_a+a^2Z_b+aZ_c & Z_a+aZ_b+a^2Z_c\\ Z_a+Z_b+Z_c & Z_c+a^2Z_a+aZ_b & Z_c+aZ_a+a^2Z_b\\ Z_a+Z_b+Z_c & Z_b+a^2Z_c+aZ_a & Z_b+aZ_c+a^2Z_a\end{bmatrix}$$

$$s^{-1}\cdot \boldsymbol{Z}\cdot s=\begin{bmatrix}Z_a+Z_b+Z_c & 0 & 0\\ 0 & Z_a+a^2Z_b+aZ_c & 0\\ 0 & 0 & Z_a+aZ_b+a^2Z_c\end{bmatrix}. \tag{13.59}$$

Die Transformation $s^{-1}\boldsymbol{Z}s$ führt auf eine Diagonalmatrix mit nur zwei voneinander verschiedenen Elementen, wenn die Matrix $\boldsymbol{Z}$ (bzw. $\boldsymbol{Y}$) nicht nur von zyklischem Aufbau, sondern außerdem symmetrisch zur Hauptdiagonale ist. Das ist dann der Fall, wenn sie ein übertragungssymmetrisches Netz beschreibt, beispielsweise eines, das in allen drei Strängen gleich aus Widerständen, Kondensatoren, Spulen und Übertragern aufgebaut ist.

Dann wird in der Matrix (13.58) $Z_b=Z_c$:

$$\boldsymbol{Z}=\begin{bmatrix}Z_a & Z_b & Z_b\\ Z_b & Z_a & Z_b\\ Z_b & Z_b & Z_a\end{bmatrix}. \tag{13.60}$$

Sie ergibt bei der Transformation die Matrix

$$s^{-1}\cdot \boldsymbol{Z}\cdot s=\begin{bmatrix}Z_a+2Z_b & 0 & 0\\ 0 & Z_a-Z_b & 0\\ 0 & 0 & Z_a-Z_b\end{bmatrix}, \tag{13.61}$$

bei der die beiden Impedanzen für das Mit- und Gegensystem übereinstimmen. Das ist eine noch weitergehende Vereinfachung gegenüber dem Fall (13.59) der bei symmetrisch aufgebauten rotierenden elektrischen Maschinen auftritt.

Wir haben hier nur gezeigt, daß die Matrix $\boldsymbol{s}$ mit den Koeffizienten nach Gleichung (13.49) eine Matrix $\boldsymbol{Z}$ mit zyklischem Aufbau bei der Transformation $\boldsymbol{s}^{-1} \cdot \boldsymbol{Z} \cdot \boldsymbol{s}$ in eine Diagonalmatrix überführt. Man kann umgekehrt zeigen, daß diese Bedingung die Koeffizienten der Matrix $\boldsymbol{s}$ bis auf einen gemeinsamen Faktor eindeutig bestimmt.

Die Tatsache, daß bei zyklischer Symmetrie in Drehstromnetzen alle Matrizen, die die Dreiergruppen von Strömen und Spannungen miteinander verknüpfen, in Diagonalmatrizen übergehen, bringt natürlich ganz erhebliche Vereinfachungen; denn wenn in der Gleichung (13.57)

$$\boldsymbol{U}_{012} = \boldsymbol{s}^{-1} \cdot \boldsymbol{Z} \cdot \boldsymbol{s} \cdot \boldsymbol{I}_{012}$$

$\boldsymbol{s}^{-1} \cdot \boldsymbol{Z} \cdot \boldsymbol{s}$ eine Diagonalmatrix ist

$$\boldsymbol{s}^{-1} \cdot \boldsymbol{Z} \cdot \boldsymbol{s} = \begin{bmatrix} Z_0 & 0 & 0 \\ 0 & Z_1 & 0 \\ 0 & 0 & Z_2 \end{bmatrix}, \tag{13.62}$$

hängt jede Komponente von $\boldsymbol{U}_{012}$ nur von einer Komponente von $\boldsymbol{I}_{012}$ ab:

$$\begin{aligned} U_0 &= Z_0\, I_0 \\ U_1 &= Z_1\, I_1 \\ U_2 &= Z_2\, I_2\,. \end{aligned} \tag{13.63}$$

Das zyklisch aufgebaute Drehstromsystem zerfällt durch die Transformation auf symmetrische Komponenten in drei Einphasensysteme.

Bilden die Spannungen U_R, U_S, U_T aus denen $\boldsymbol{U}_{012}$ nach Gleichung (13.54) hervorgegangen ist, ein symmetrisches System, dann hat $\boldsymbol{U}_{012}$ nur eine von null verschiedene Komponente $U_1 = U_R$, und es wird $U_0 = 0$ und $U_2 = 0$. Mit den Gleichungen (13.63) wird dann auch

$$I_0 = 0 \quad \text{und} \quad I_2 = 0\,.$$

Die Rechnung reduziert sich auf die Analyse eines Einphasensystems, die Anzahl der Unbekannten verringert sich auf ein Drittel.

Man beachte, daß die Elemente der Diagonalmatrix (13.62) nicht reine Rechengrößen sind, sondern sich als Quotienten von Spannungs- und Stromamplituden messen lassen. Speist man z.B. mit einem symmetrischen Spannungssystem

$$U_R = U, \quad U_S = a^2 U, \quad U_T = aU,$$

dann wird

$$U_1 = U_R = U.$$

Da auch die Ströme ein symmetrisches System bilden

$$I_R = I \quad I_S = a^2 I \quad I_T = aI$$

wird

$$I_1 = I_R = I,$$

und es gilt

$$Z_1 = \frac{U_1}{I_1} = \frac{U_R}{I_R} = \frac{U_S}{I_S} = \frac{U_T}{I_T}.$$

Entsprechend erhält man Z_0 und Z_2 durch Speisen des Netzes mit den Spannungen

$$U_R = U_S = U_T = U,$$

bzw.

$$U_R = U, \quad U_S = aU, \quad U_T = a^2 U.$$

13.3.3 Beispiel: Die Berechnung der Ströme in einem Drehstromnetz mit induktiven Kopplungen

Wir wenden die Transformation auf symmetrische Komponenten an zur Berechnung der Ströme und Spannungen am Ausgang eines Systems induktiv gekoppelter Leitungen, die von einem Drehstromgenerator gespeist werden. Die induktive Kopplung sei nach Abb. 13.14 durch drei in die Verbindungsleitungen eingeschaltete gleichartige Übertrager mit den Induktivitäten $L_1 = L_2 = L$ und den Gegeninduktivitäten M dargestellt. Für den Zusammenhang zwischen den Span-

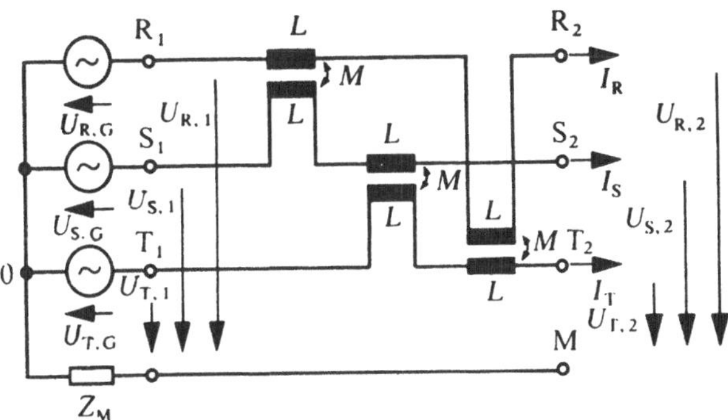

Abb. 13.14 Drehstromnetz mit induktiv gekoppelten Leitungen

nungen an den Klemmen R_1, S_1, T_1 und R_2, S_2, T_2 gelten dann die Gleichungen

$$\begin{aligned}
U_{R,1} &= U_{R,2} + j\omega(2L\, I_R + M\, I_S + M\, I_T) \\
U_{S,1} &= U_{S,2} + j\omega(M\, I_R + 2L\, I_S + M\, I_T) \\
U_{T,1} &= U_{T,2} + j\omega(M\, I_R + M\, I_S + 2L\, I_T)\,,
\end{aligned}$$

die wir wieder in abgekürzter Form als Matrizengleichung anschreiben

$$\boldsymbol{U}_{RST,1} = \boldsymbol{U}_{RST,2} + j\omega\boldsymbol{L} \cdot \boldsymbol{I}_{RST}\,, \tag{13.70}$$

mit den zu Spaltenmatrizen zusammengefaßten Strömen und Spannungen und der Matrix der Induktivitäten

$$\boldsymbol{L} = \begin{bmatrix} 2L & M & M \\ M & 2L & M \\ M & M & 2L \end{bmatrix}$$

Das Leitungssystem ist nach Abb. 13.14 mit einem Drehstromgenerator verbunden. Dabei liegt zwischen dem Punkt M und dem Sternpunkt des Generators ein Widerstand mit der Impedanz Z_M, der vom Strom $I_R + I_S + I_T$ durchflossen wird. Zwischen den Generatorspannungen und den Spannungen $U_{R,1}$, $U_{S,1}$, $U_{T,1}$ gelten dann die Gleichungen

$$U_{R,1} = U_{R,G} - Z_M\ (I_R + I_S + I_T)$$
$$U_{S,1} = U_{S,G} - Z_M\ (I_R + I_S + I_T)$$
$$U_{T,1} = U_{T,G} - Z_M\ (I_R + I_S + I_T)\,.$$

Abgekürzt in Matrizenschreibweise entsteht daraus die Gleichung

$$\boldsymbol{U}_{RST,1} = \boldsymbol{U}_{RST,G} - \boldsymbol{Z}_M \cdot \boldsymbol{I}_{RST} \tag{13.71}$$

mit der Matrix

$$\boldsymbol{Z}_M = \begin{bmatrix} Z_M & Z_M & Z_M \\ Z_M & Z_M & Z_M \\ Z_M & Z_M & Z_M \end{bmatrix}$$

und den zur Spaltenmatrix $\boldsymbol{U}_{RST,G}$ zusammengefaßten Generatorspannungen.

Diese Gleichung in die Gleichung (13.70) eingesetzt, ergibt den Zusammenhang zwischen den Spannungen $\boldsymbol{U}_{RST,2}$, den Strömen $\boldsymbol{I}_{RST}$ und den Generatorspannungen $\boldsymbol{U}_{RST,G}$

$$\boldsymbol{U}_{RST,2} = \boldsymbol{U}_{RST,G} - (\boldsymbol{Z}_M + j\omega \boldsymbol{L}) \cdot \boldsymbol{I}_{RST}\,. \tag{13.72}$$

Diese Gleichung entspricht formal genau der Gleichung (11.9) in Band III für eine Zweipol-Ersatzspannungsquelle. Nur treten hier die zu Matrizen zusammengefaßten Ströme, Spannungen und Impedanzen an die Stelle der einfachen Strom- und Spannungsamplituden und der Impedanz des Innenwiderstandes.

Um die zyklische Symmetrie der Matrizen $\boldsymbol{Z}_M$ und $\boldsymbol{L}$ auszunutzen, transformieren wir auf symmetrische Komponenten. Mit

$$\boldsymbol{U}_{RST,2} = \boldsymbol{s} \cdot \boldsymbol{U}_{012,2}\,, \quad \boldsymbol{U}_{RST,G} = \boldsymbol{s} \cdot \boldsymbol{U}_{012,G} \text{ und } \boldsymbol{I}_{RST} = \boldsymbol{s} \cdot \boldsymbol{I}_{012}$$

geht Gleichung (13.72) über in

$$\boldsymbol{U}_{012,2} = \boldsymbol{U}_{012,G} - (\boldsymbol{s}^{-1} \cdot \boldsymbol{Z}_M \cdot \boldsymbol{s} + j\omega \boldsymbol{s}^{-1} \cdot \boldsymbol{L} \cdot \boldsymbol{s}) \cdot \boldsymbol{I}_{012}. \tag{13.73}$$

Nach Gleichung (13.61) wird

$$s^{-1} \cdot Z_M \cdot s = \begin{bmatrix} 3Z_M & 0 & 0 \\ 0 & 0 & 0 \\ 0 & 0 & 0 \end{bmatrix}$$

und

$$s^{-1} \cdot L \cdot s = \begin{bmatrix} 2(L+M) & 0 & 0 \\ 0 & 2L-M & 0 \\ 0 & 0 & 2L-M \end{bmatrix}$$

Wegen der Diagonalform der beiden Matrizen zerfällt das Gleichungssystem in drei einzelne Gleichungen für die Komponenten

$$\begin{aligned} U_{0,2} &= U_{0,G} - (3\,Z_M + j\omega 2(L+M))\,I_0 \\ U_{1,2} &= U_{1,G} - j\omega(2L-M)\;\;I_1 \\ U_{2,2} &= U_{2,G} - j\omega(2L-M)\;\;I_2\,. \end{aligned} \tag{13.73}$$

Sie lassen sich durch Ersatzschaltungen nach Abb. 13.15 darstellen, in der die transformierten Generatorspannungen nun nicht mehr mit-

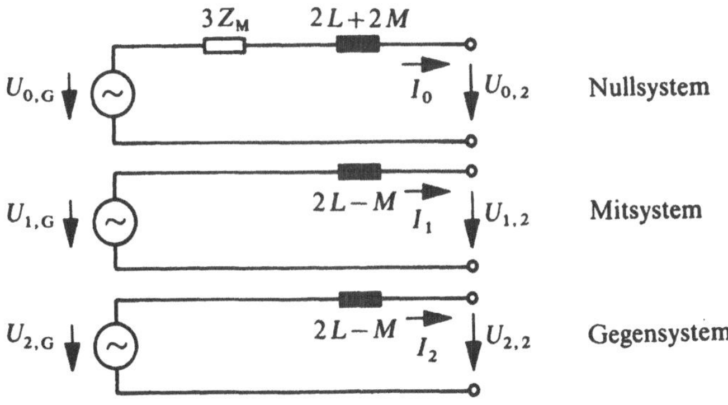

Abb. 13.15 Ersatzschaltungen des Drehstromnetzes der Abb. 13.14

einander verkoppelt sind. Die Vereinfachung gegenüber Abb. 13.14 ist offensichtlich. Der Vorteil tritt noch deutlicher hervor, wenn die Generatorspannungen $\boldsymbol{U}_{\mathrm{RST,G}}$ ein symmetrisches System bilden. Dann ist nach der Transformation nur die Generatorspannung $U_{1,\mathrm{G}}$ von null verschieden.

An das Drehstromnetz der Abb. 13.14 werden nun entsprechend der Abb. 13.16 a Verbraucher angeschlossen. Wir berechnen die Ströme I_R, I_S, I_T zunächst für den Fall dreier Verbraucher mit der gleichen Impedanz Z.

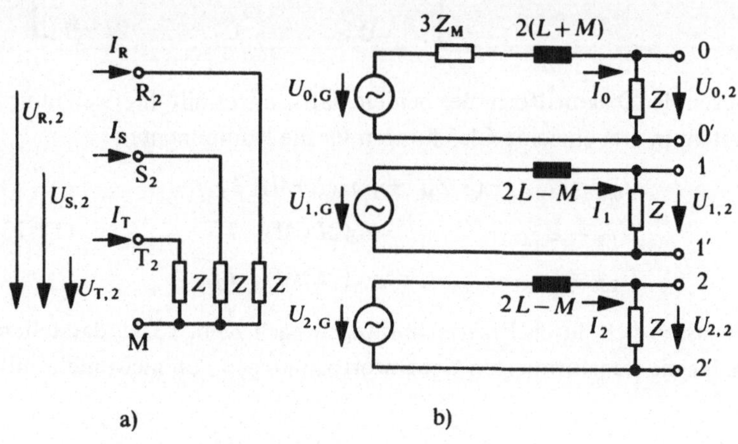

Abb. 13.16 Ersatzschaltung des mit den Impedanzen Z abgeschlossenen Netzes der Abb. 13.14

Dann gelten die Gleichungen

$$U_{\mathrm{R},2} = Z\,I_\mathrm{R}$$
$$U_{\mathrm{S},2} = Z\,I_\mathrm{S}$$
$$U_{\mathrm{T},2} = Z\,I_\mathrm{T}\ ,$$

oder in Matrizenform geschrieben:

$$\boldsymbol{U}_{\mathrm{RST},2} = \boldsymbol{Z} \cdot \boldsymbol{I}_{\mathrm{RST},2} \tag{13.74}$$

mit

$$\boldsymbol{Z} = \begin{bmatrix} Z & 0 & 0 \\ 0 & Z & 0 \\ 0 & 0 & Z \end{bmatrix}. \tag{13.75}$$

Gleichung (13.74) geht bei der Transformation über in

$$\boldsymbol{U}_{012,2} = \boldsymbol{s}^{-1} \cdot \boldsymbol{Z} \cdot \boldsymbol{s} \cdot \boldsymbol{I}_{012} \; ; \qquad (13.76)$$

dabei bleibt die Diagonalmatrix $\boldsymbol{Z}$ unverändert

$$\boldsymbol{s}^{-1} \cdot \boldsymbol{Z} \cdot \boldsymbol{s} = \begin{bmatrix} Z & 0 & 0 \\ 0 & Z & 0 \\ 0 & 0 & Z \end{bmatrix} . \qquad (13.77)$$

Auch im transformierten System ist jede Spannung nur mit einem Strom verknüpft

$$U_{0,2} = Z\, I_0 \qquad U_{1,2} = Z\, I_1 \qquad U_{2,2} = Z\, I_2 \; .$$

Es gilt die vervollständigte Ersatzschaltung Abb. 13.16 b. Für die transformierten Ströme erhält man durch Einsetzen von Gleichung (13.76) in Gleichung (13.73) oder unmittelbar aus der Ersatzschaltung

$$I_0 = \frac{U_{0,\mathrm{G}}}{3Z_\mathrm{M} + \mathrm{j}\omega 2(L+M) + Z} \qquad (13.78)$$

$$I_1 = \frac{U_{1,\mathrm{G}}}{\mathrm{j}\omega(2L-M) + Z} \qquad (13.79)$$

$$I_2 = \frac{U_{2,\mathrm{G}}}{\mathrm{j}\omega(2L-M) + Z} \; . \qquad (13.80)$$

Durch Rücktransformation nach Gleichung (13.53) lassen sich hieraus die Ströme I_R, I_S, I_T unmittelbar bestimmen.

Bilden die Generatorspannungen, wie es die Regel ist, ein symmetrisches System, so wird

$$U_{0,\mathrm{G}} = 0 \, , \qquad U_{2,\mathrm{G}} = 0$$

und damit auch

$$I_0 = 0 \, , \qquad I_2 = 0 \, .$$

Das Netz wird dann vollständig durch eine einphasige Ersatzschaltung beschrieben. Man erkennt, daß in diesem Betriebszustand die Nullimpedanz Z_M ohne Einfluß ist und daß die Leitungskopplung nur mit der sog. Betriebsinduktivität $2L-M$ wirksam ist.

13.3.4 Kurzschlußberechnung mit Hilfe der symmetrischen Komponenten

Einpoliger Erdkurzschluß

Wir berechnen noch die Ströme für den Fall, daß die Symmetrie an einer Stelle des Netzes gestört ist, und zwar behandeln wir den Kurzschluß eines der drei Verbraucherwiderstände. Es ist vorteilhaft, den Kurzschluß im Zweig R anzunehmen. Das vermeidet unnötiges Rechnen mit komplexen Zahlen, weil die Transformationsmatrix $\boldsymbol{s}$ so gewählt ist, daß die Elemente der ersten Zeile und Spalte reell sind.

Beim Kurzschluß im Zweig R ist die Matrix $\boldsymbol{Z}$ von Gleichung (13.74) zu ersetzen durch

$$\boldsymbol{Z}_K = \begin{bmatrix} 0 & 0 & 0 \\ 0 & Z & 0 \\ 0 & 0 & Z \end{bmatrix}.$$

Sie ergibt bei der Transformation die Matrix

$$\boldsymbol{s}^{-1} \cdot \boldsymbol{Z}_K \cdot \boldsymbol{s} = \frac{1}{3} \begin{bmatrix} 2Z & -Z & -Z \\ -Z & 2Z & -Z \\ -Z & -Z & 2Z \end{bmatrix},$$

die dann statt der Matrix (13.77) in die Gleichung (13.76) einzusetzen ist. Die Auflösung des Gleichungssystems nach den Strömen I_0, I_1, I_2 ist jetzt etwas mühsamer, weil die Matrix keine Diagonalform hat und die 0-1-2 Komponenten verkoppelt sind.

Wir wollen die Formeln für die Ströme I_0, I_1, I_2 nicht anschreiben, sondern einen anderen Weg verfolgen, der zu einer anschaulichen für den angenommenen Kurzschluß gültigen Ersatzschaltung führt. Dazu teilen wir die Ströme I_R, I_S, I_T nach Abb. 13.17 a auf in einen Anteil, der bei ungestörtem Betrieb durch den zugehörigen Verbraucher fließt und einen Fehlerstrom $I_{R,F}$, $I_{S,F}$, $I_{T,F}$, für den

$$(I_R - I_{R,F})\ Z = U_{R,2}$$
$$(I_S - I_{S,F})\ Z = U_{S,2}$$
$$(I_T - I_{T,F})\ Z = U_{T,2}$$

gilt. Diese Gleichungen ergeben abgekürzt

$$(\boldsymbol{I}_{RST} - \boldsymbol{I}_{RST,F})\ \boldsymbol{Z} = \boldsymbol{U}_{RST,2} \tag{13.81}$$

mit der Diagonalmatrix $\boldsymbol{Z}$ von Gleichung (13.75)

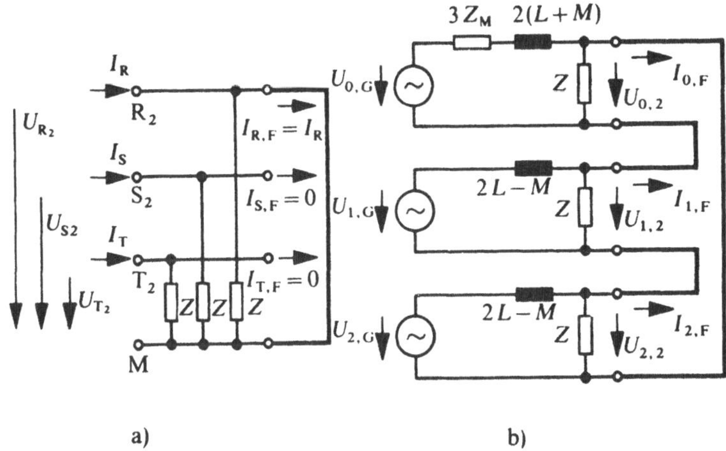

Abb. 13.17 Einpoliger Erdkurzschluß im Drehstromnetz der Abb. 13.14 und die zugehörige 0-1-2 Ersatzschaltung

Bei Kurzschluß im Zweig R gelten dann die Kurzschlußbedingungen

$$I_{R,F} = I_R\,, \quad I_{S,F} = 0\,, \quad I_{T,F} = 0 \tag{13.82}$$

und

$$U_{R,2} = 0\,. \tag{13.83}$$

Wenn wir nun die Fehlerströme nach Gleichung (13.55) transformieren und die Kurzschlußbedingungen (13.82) einsetzen, ergeben sich die Gleichungen

$$\begin{aligned} I_{0,F} &= \frac{1}{3}(I_{R,F} + I_{S,F} + I_{T,F}) = \frac{1}{3} I_R \\ I_{1,F} &= \frac{1}{3}(I_{R,F} + a\, I_{S,F} + a^2 I_{T,F}) = \frac{1}{3} I_R \\ I_{2,F} &= \frac{1}{3}(I_{R,F} + a^2 I_{S,F} + a\, I_{T,F}) = \frac{1}{3} I_R \,. \end{aligned} \tag{13.84}$$

Für die transformierten Fehlerströme gilt also

$$I_{0,F} = I_{1,F} = I_{2,F} \,. \tag{13.85}$$

Ebenso liefert die erste Transformationsgleichung (13.52) für die null werdende Spannung $U_{R,2}$

$$U_{0,2} + U_{1,2} + U_{2,2} = 0 \,. \tag{13.86}$$

Das führt aber unmittelbar zu der Ersatzschaltung von Abb. 13.17 b. Die drei getrennten Schaltungen von Abb. 13.16 b sind auf der Verbraucherseite ringförmig zusammengeschaltet. Damit ist die Bedingung (13.86) erfüllt. In der Ringverbindung fließt der Fehlerstrom, der nach Gleichung (13.85) in allen drei Zweigen gleich ist und für den auch im transformierten System die Gleichungen

$$(\boldsymbol{I}_{012} - \boldsymbol{I}_{012,F}) \cdot \boldsymbol{Z} = \boldsymbol{U}_{012,2}$$

gelten, weil die Diagonalmatrix $\boldsymbol{Z}$ in Gleichung (13.81) bei der Transformation unverändert bleibt.

Aus dem Ersatzschaltbild läßt sich der Einfluß der einzelnen Impedanzen auf den Kurzschlußstrom I_R, der ja nach Gleichung (13.84) bis auf den Faktor 3 mit dem in der Ringverbindung der Ersatzschaltung fließenden Strom übereinstimmt, anschaulich ablesen und berechnen. Hierzu ersetzt man die einzelnen Zweipole zweckmäßig durch ihre Ersatzspannungsquellen.

Zweipoliger Leiterkurzschluß

Entsprechend läßt sich auch ein Kurzschluß zwischen den Klemmen S und T behandeln, wie er in Abb. 13.18 a dargestellt ist.

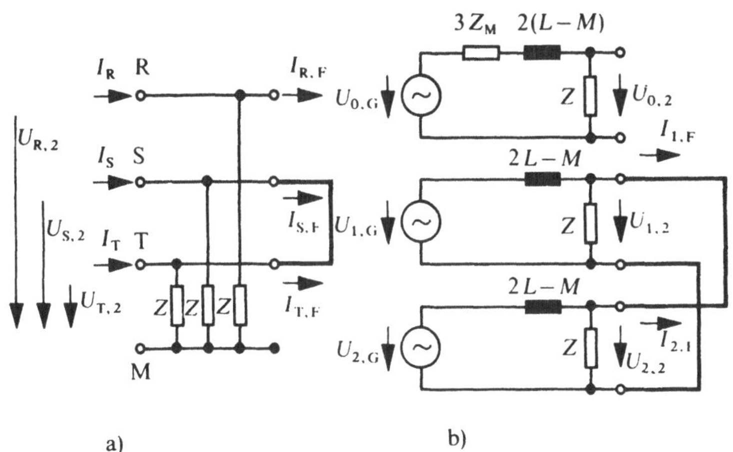

Abb. 13.18 Zweipoliger Leiterkurzschluß im Drehstromnetz der Abb. 13.14 und die zugehörige 0-1-2 Ersatzschaltung

Hier gilt für die Spannungen

$$U_{S,2} = U_{T,2} \tag{13.87}$$

und für die Fehlerströme

$$I_{R,F} = 0, \qquad I_{S,F} + I_{T,F} = 0 \; . \tag{13.88}$$

Bei der Transformation geht die Bedingung (13.87) über in

$$U_{0,2} + a^2 U_{1,2} + a\, U_{2,2} = U_{0,2} + a\, U_{1,2} + a^2 U_{2,2} \; .$$

Das ist nur erfüllt für

$$U_{1,2} = U_{2,2} \; .$$

Die Gleichungen (13.88) gehen über in

$$I_{0,F} + I_{1,F} + I_{2,F} = 0$$
$$2 I_{0,F} + (a + a^2)(I_{1,F} + I_{2,F}) = 0$$

mit den Lösungen

$$I_{0,F} = 0 \quad \text{und} \quad I_{1,F} + I_{2,F} = 0 \,. \tag{13.89}$$

Das bedeutet: In der Schaltung von Abb. 13.16 sind Mit- und Gegensystem auf der Verbraucherseite parallel zu schalten; das Nullsystem bleibt getrennt, wie es in Abb. 13.18 b dargestellt ist. Auch hier liefert die Ersatzschaltung wieder einen anschaulichen Überblick über den Einfluß der einzelnen Elemente auf die Ströme und Spannungen. Der Kurzschlußstrom $I_{S,F}$, für den nach Gleichung (13.53)

$$I_{S,F} = I_{0,F} + a^2 I_{1,F} + a\, I_{2,F}$$

gilt, wird wegen der Beziehungen (13.89) gleich

$$I_{S,F} = (a^2 - a)\, I_{1,F} = -j\sqrt{3}\; I_{1,F}$$

und kann deshalb fast unmittelbar aus der Ersatzschaltung Abb. 13.18 b ermittelt werden.

Man erkennt aus den Beispielen wie man allgemein vorzugehen hat, wenn in einem sonst symmetrisch aufgebauten Netz an **einer** Stelle ein Kurzschluß auftritt:

a) Man ermittelt die Ersatzschaltungen der Komponenten des symmetrischen Netzes an der Fehlerstelle.

b) Die Kurzschlußbedingungen im R-S-T-System werden ins 0-1-2-System übertragen und die Komponentenersatzschaltungen so verknüpft, daß diese Bedingungen erfüllt sind.

c) Aus den Strömen der verkoppelten 0-1-2-Ersatzschaltungen erhält man durch Rücktransformation die Ströme an der Kurzschlußstelle des Drehstromsystems.

13.4 Die Drehfeldmaschinen

In diesem Abschnitt wollen wir die allgemeinen Gleichungen aufstellen, die für Drehfeldmaschinen mit idealisierten Rotor- und Statorwicklungen gelten, und aus ihnen die Betriebseigenschaften der wichtigsten rotierenden elektromagnetischen Wandler, nämlich der Synchronmaschinen und der Asynchronmaschinen, herleiten. Da wir nur an den prinzipiellen Eigenschaften interessiert sind, wird ein linearer Zusammenhang zwischen Erregerstrom und magnetischem Feld angenommen, also die durch die magnetischen Eigenschaften des Eisens gegebene Nichtlinearität vernachlässigt. Die Ströme und Spannungen werden durch ihre symmetrischen Komponenten ausgedrückt. Dadurch vereinfacht sich bei der angenommenen Symmetrie der Wicklungen die dreiphasige Darstellung auf eine einphasige, wenn die Maschine mit einem symmetrischen Drehstromsystem gespeist wird. Wir beschränken uns außerdem auf Maschinen mit einem Polpaar, d.h. solche, bei denen die Winkelgeschwindigkeit des umlaufenden Magnetfeldes mit der Kreisfrequenz der speisenden Wechselströme übereinstimmt.

13.4.1 Das Drehfeld

Wir haben im Abschnitt 13.1.1 kennengelernt, wie die Spannungen eines Mehrphasensystems aus einem rotierenden Magnetfeld erzeugt werden können; wir wollen nun im einzelnen verfolgen, wie auch umgekehrt mit Hilfe eines Drehstromsystems ein umlaufendes Magnetfeld erzeugt werden kann.

Zur Erzeugung eines magnetischen Drehfeldes in einer aus einem zylindrischen Rotor und Stator bestehenden elektrischen Maschine ordnet man im einfachsten Fall drei gleiche Wicklungen räumlich um den Winkel $2\pi/3$ gegeneinander versetzt am Umfang des Stators an, wie es Abb. 13.19 zeigt.

Die Linien des von jeder Wicklung erregten magnetischen Feldes schließen sich über Luftspalt, Stator und Rotor. Rotor und Stator sind aus Eisen bzw. Eisenblech gefertigt, die magnetischen Feldlinien sind deshalb im Luftspalt radial gerichtet. Der Luftspalt ist längs des Umfangs konstant, der magnetische Widerstand also überall gleich. Die drei Spulen seien mit R, S, T bezeichnet. Die Achse der Spule R zeigt in Richtung $\beta = 0$, die von S in Richtung $\beta = 2\pi/3$ und die von T in Richtung $\beta = 4\pi/3$. Wir nehmen an, daß die drei Wicklungen des Stators von Strömen der Kreisfrequenz ω_1 durchflossen werden, die ein

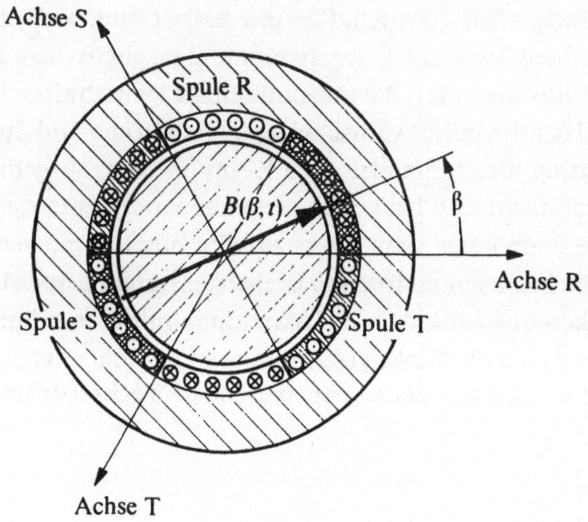

Abb. 13.19 Wicklungsanordnung zur Erzeugung eines Drehfeldes

symmetrisches Drehstromsystem bilden. Für die Ströme des mit dem Index 1 gekennzeichneten Stators gelte also

$$i_{R1}(t) = \hat{i}_1 \cos \omega_1 t \qquad = \mathrm{Re}\,\{\hat{i}_1 \quad e^{j\omega t}\}$$

$$i_{S1}(t) = \hat{i}_1 \cos(\omega_1 t - 2\pi/3) = \mathrm{Re}\,\{\hat{i}_1 a^2 e^{j\omega t}\}$$

$$i_{T1}(t) = \hat{i}_1 \cos(\omega_1 t + 2\pi/3) = \mathrm{Re}\,\{\hat{i}_1 a \; e^{j\omega t}\} \quad ,$$

wenn zunächst ein verschwindender Nullphasenwinkel des Stromes angenommen wird.

Zum Zeitpunkt $t = 0$ wird dann

$$i_{R1}(0) = \hat{i}_1, \quad i_{S1}(0) = i_{T1}(0) = -\frac{1}{2}\,\hat{i}_1 \,.$$

Zur Beschreibung der Stromverteilung in den nach Abb. 13.19 über den Umfang verteilten Wicklungen benutzt man zweckmäßig den Begriff des Strombelages (siehe Gleichung (5.76) Band II). Der Strombelag $a(\beta)$ ist definiert als der Quotient aus dem Strom Δi und dem Umfangsanteil $\Delta r = r\,\Delta\beta$, der von dem diesen Strom führenden Leiter eingenommen wird.

$$a(\beta)=\frac{\Delta i}{r\Delta\beta} \; .$$

Denkt man sich die Ströme in Abb. 13.19 nicht in einzelnen Leitern konzentriert, sondern gleichmäßig über die von den drei Wicklungen eingenommene Fläche verteilt, so ergibt sich in Abhängigkeit von β ein abschnittsweiser konstanter Strombelag. Er bildet für $t=0$ die in Abb. 13.21 a) dargestellte Treppenkurve. In Abhängigkeit von t ändern sich die drei Ströme und damit die Höhe der Treppenstufen stetig. Nach einer Sechstelperiode $\omega_1 t_1 = \pi/3$ hat sich die Treppenkurve um eine Teilung nach rechts verschoben, denn dann ist

$$i_{R1}(t_1)=i_{S1}(t_1)=\hat{i}_1/2, \;\; i_{T1}(t_1)=-\hat{i}_1 \; .$$

Bei feststehenden Sprungstellen bewegt sich der Kurvenzug mit der Winkelgeschwindigkeit ω_1 in Richtung wachsender β.

Das Rechnen mit diesem treppenförmigen Strombelag ist für unsere prinzipiellen Überlegungen zu kompliziert. Wir nähern die Treppenkurve, wie in Abb. 13.21 a) eingezeichnet, durch eines Sinuskurve an, die mit der Winkelgeschwindigkeit ω_1 umläuft. Wir schreiben also für den idealisierten Stator-Strombelag

$$a_1(\beta, t)=\hat{a}_1 \sin(\omega_1 t-\beta) \; . \tag{13.91}$$

Die drei Wicklungen des Rotors sind in gleicher Weise angeordnet. Die Abb. 13.20 zeigt Rotor- und Statorwicklung, wobei der Rotor gegenüber dem Stator um den Winkel α verdreht ist.

Für die symmetrischen Rotorströme wird eine andere Kreisfrequenz ω_2, aber zur Vereinfachung ebenfalls ein verschwindender Nullphasenwinkel angenommen. Den um den Winkel α verschobenen Rotor-Strombelag nähern wir, wie in Abb. 13.21 b) für $t=0$ eingezeichnet, durch eine Sinuskurve an

$$a_2(\beta, t)=a_2 \sin(\omega_2 t-\beta+\alpha). \tag{13.92}$$

Zur Berechnung der zu diesen Stromverteilungen gehörenden Anteile des Magnetfeldes im Luftspalt zwischen Rotor und Stator, benutzen wir das Durchflutungsgesetz. Wir wenden es an auf einen kleinen Umlauf über den Luftspalt, wie er in Abb. 13.21 eingezeichnet

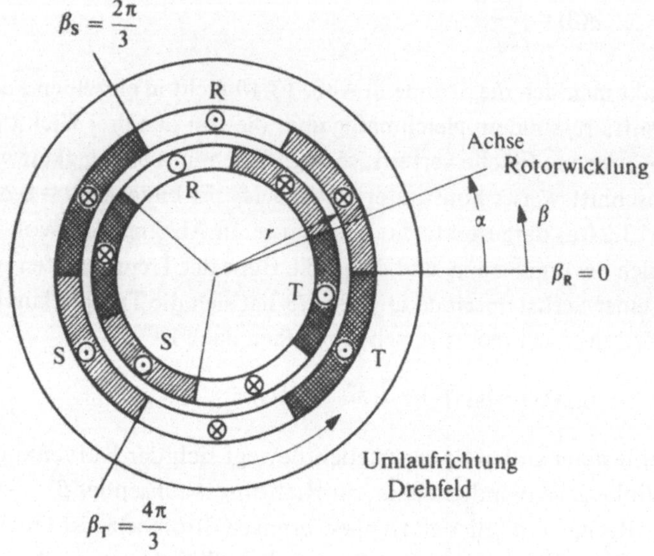

Abb. 13.20 Rotor- und Statorwicklung der Drehfeldmaschine

ist. Hier sind die Rotorwicklung und das von ihr erregte Feld dargestellt. Entsprechendes gilt auch für den Stator.

Für den vom Strom Δi_2 durchflossenen Rotoranteil gilt

$$\oint \boldsymbol{H}_2 \cdot \mathrm{d}\,\boldsymbol{s} = \Delta i_2 \,, \tag{13.93}$$

wenn auf dem in Abb. 13.22 eingezeichneten Weg integriert wird. Einen wesentlichen Anteil zum Integral liefern nur die beiden Wegstücke über den Luftspalt der Länge δ, wo

$$\boldsymbol{B}_2 = \mu_0\, \boldsymbol{H}_2$$

ist.

Da $\boldsymbol{B}_2$ dort radial gerichtet ist, gilt

$$\Delta i_2 = \oint \boldsymbol{H}_2 \cdot \mathrm{d}\,\boldsymbol{s} \approx \frac{1}{\mu_0} (B_2(\beta + \Delta\beta) - B_2(\beta))\ \delta \,. \tag{13.94}$$

Drückt man Δi_2 durch den innerhalb des kleinen Rechtecks als konstant angenommenen Strombelag aus

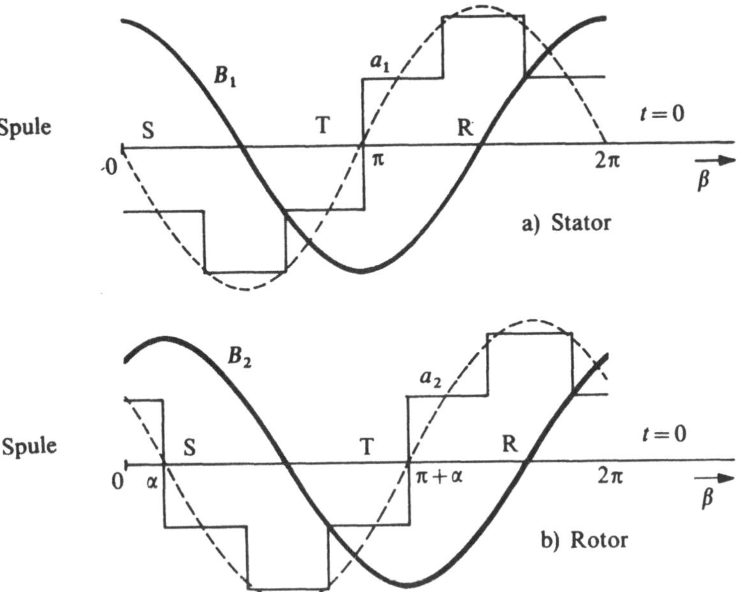

Abb. 13.21 Verteilung von Strombelag und Magnetfeld am Stator- und Rotorumfang für $t = 0$

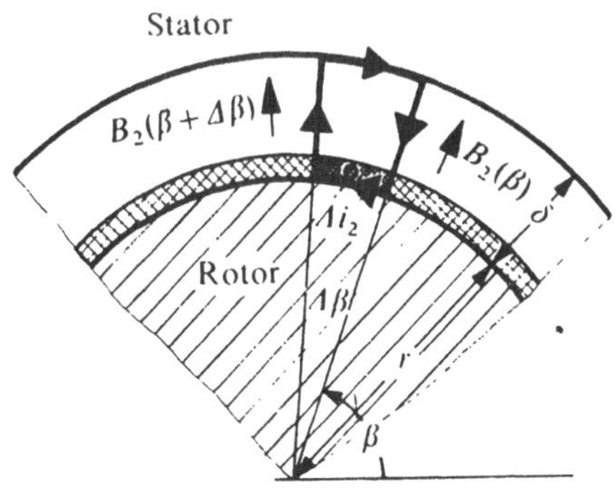

Abb. 13.22 Integrationsweg zur Berechnung des Zusammenhangs zwischen Strombelag und magnetischem Feld des Rotors.

$$\Delta i_2 \approx a_2(\beta) r \Delta\beta ,$$

so ergibt sich aus Gleichung (13.94)

$$a_2(\beta) \approx \frac{\delta}{\mu_0 r} \frac{B_2(\beta+\Delta\beta) - B_2(\beta)}{\Delta\beta} .$$

Daraus entsteht durch den Grenzübergang $\Delta\beta \to 0$

$$\frac{\mu_0 r}{\delta} a_2(\beta, t) = \frac{\partial B_2(\beta, t)}{\partial\beta} , \qquad (13.95)$$

wenn man berücksichtigt, daß a_2 und damit auch B_2 außerdem von t abhängen.

Das Magnetfeld im Luftspalt erhält man also aus dem zugehörigen erregenden Strombelag durch Integration. Zu den angenommenen sinusförmigen Verteilungen des Strombelages im Rotor und Stator gehören demnach cosinusförmige Feldverteilungen. Mit den Abkürzungen

$$\frac{\mu_0 r}{\delta} \hat{a}_1 = \hat{B}_1 \qquad \frac{\mu_0 r}{\delta} \hat{a}_2 = \hat{B}_2$$

ergeben sich durch Integration von Gleichung (13.91) und Gleichung (13.92), die vom Stator und Rotor erregten Feldanteile im Luftspalt zu

$$B_1(\beta, t) = \hat{B}_1 \cos(\omega_1 t - \beta) , \qquad (13.96)$$

$$B_2(\beta, t) = \hat{B}_2 \cos(\omega_2 t - \beta + \alpha) . \qquad (13.97)$$

Die Integrationskonstante ist dabei gleich null zu setzen, weil im Inneren des Rotors oder Stators keine Feldlinien enden, so daß für alle t

$$\int_0^{2\pi} B(\beta, t)\, \mathrm{d}\beta = 0$$

gelten muß.

Die durch den idealisierten sinusförmigen Strombelag erregten Felder stellen also umlaufende Sinuswellen dar. Zu einem festen Zeitpunkt t_0 ergibt sich eine cosinusförmige Abhängigkeit vom Winkel β, z.B. für den Stator

$$B_1 = \hat{B}_1 \cos(\omega_1 t_0 - \beta)$$

Für den Zeitpunkt $t_0 = 0$ sind Stator- und Rotorfeld in die Abb. 13.21 eingezeichnet. An einem festen Punkt am Umfang beim Winkel β_0 erhält man eine cosinusförmige Zeitabhängigkeit

$$B_1 = \hat{B}_1 \cos(\omega_1 t - \beta_0) \quad .$$

Wir haben bisher bereits verschiedene Frequenzen ω_1 und ω_2 der Ströme im Rotor und Stator angenommen und werden weiterhin außerdem zulassen, daß der Rotor sich dreht, daß also α zeitabhängig ist.

13.4.2 Das Drehmoment der Drehfeldmaschine

Das auf den Rotor wirkende Drehmoment läßt sich bestimmen entweder aus der Kraftwirkung des Statorfeldes auf die stromdurchflossenen Leiter des Rotors oder umgekehrt aus der Kraftwirkung des Rotorfeldes auf die Leiter des Stators. Wir wählen den erstgenannten Weg, gehen also aus von dem Feld $B_1(\beta, t)$. In ihm wirkt auf ein Leiterstück der Länge l am Rotor, das vom Strom i_2 durchflossen wird, eine Kraft. Da Strom- und Feldrichtung senkrecht aufeinander stehen, wird das durch die Kraft erzeugte Drehmoment in Richtung β

$$\Delta M = - r \Delta i_2 \, l B_1 \approx - r^2 \, l \, a_2(\beta, t) \, B_1(\beta, t) \, \Delta\beta \; .$$

Das gesamte Drehmoment ergibt sich durch Grenzübergang und Integration über den Rotorumfang

$$M = - r^2 \, l \int_0^{2\pi} a_2(\beta, t) \, B_1(\beta, t) \, d\beta \; .$$

Einsetzen von $a_2(\beta, t)$ und $B_1(\beta, t)$ aus den Gleichungen (13.92) und (13.96) führt auf das Integral

$$M = - r^2 \, l \, \hat{a}_2 \hat{B}_1 \int_0^{2\pi} \sin(\omega_2 t - \beta + \alpha) \cos(\omega_1 t - \beta) \, d\beta$$

$$M = - \frac{1}{2} r^2 \, l \, \hat{a}_2 \hat{B}_1 \int_0^{2\pi} \sin((\omega_2 + \omega_1) \, t - 2\beta + \alpha) \, d\beta -$$

$$- \frac{1}{2} r^2 \, l \, \hat{a}_2 \hat{B}_1 \sin((\omega_2 - \omega_1) \, t + \alpha) \int_0^{2\pi} d\beta.$$

Das erste Integral hat den Wert null, das zweite ergibt 2π. Damit wird

$$M = -r^2 \pi l \hat{a}_2 \hat{B}_1 \sin((\omega_2 - \omega_1)t + \alpha). \quad (13.98)$$

Ein zeitlich konstantes Drehmoment ergibt sich nur, wenn das Argument der Sinusfunktion eine Konstante α_0 ist.

$$\alpha = (\omega_1 - \omega_2)t + \alpha_0, \quad (13.99)$$

wenn sich der Rotor also mit der Winkelgeschwindigkeit

$$\omega = \omega_1 - \omega_2 \quad (13.100)$$

dreht. Dann laufen die Felder von Rotor und Stator mit der gleichen Winkelgeschwindigkeit um und addieren sich in jedem Augenblick zu einem sinusförmig über den Umfang verteilten resultierenden Feld. Nur diesen Fall werden wir weiterhin betrachten. Das zeitlich konstante Drehmoment

$$M = -r^2 \pi l \hat{a}_2 \hat{B}_1 \sin \alpha_0$$

verschwindet, wenn das Argument des Sinus den Wert null oder π hat, d.h. wenn beide sinusförmigen Feldverteilungen gleich- oder gegenphasig sind. Nur der erstgenannte Fall $\alpha_0 = 0$ stellt einen stabilen Zustand dar, weil hier eine Vergrößerung von α_0 ein Drehmoment hervorruft, das α_0 zu verkleinern sucht, also den Rotor in die Ausgangslage zurückdreht.

13.4.3 Die Betriebsgleichungen der Drehfeldmaschine

Wir stellen nun die Gleichungen auf, die die Ströme und Spannungen an den Rotor- und Statorwicklungen miteinander verknüpfen. Wenn, wie angenommen, beide Wicklungen symmetrisch aufgebaut sind und wenn die Speisespannungen symmetrische Drehstromsysteme bilden, dann gilt das Gleiche für alle Ströme und Spannungen. Es genügt in diesem Fall, die Gleichungen für einen Wicklungsstrang des Rotors und Stators anzuschreiben. Es ist zweckmäßig, hierfür den Strang R der Wicklung zu nehmen, dessen Ströme und Spannungen zugleich das Mitsystem der symmetrischen Komponenten bilden, während die anderen beiden Komponenten verschwinden. Wir schreiben weiterhin nur U_1, I_1 für die komplexen Amplituden U_{R1}, I_{R1} des

Stranges R am Stator und U_2, I_2 für die entsprechenden Größen am Rotor.

Zur Berechnung der in den Wicklungen induzierten Spannungen gehen wir aus von dem eine Windung durchsetzenden magnetischem Fluß. Wir berechnen zunächst allgemein den Fluß durch eine Spulenwindung, deren Achse in Richtung β_0 zeigt. Die beiden Längsseiten der rechteckigen Windung, die sich bei $\beta_0 + \pi/2$ und $\beta_0 - \pi/2$ befinden, sollen die Länge l haben und den Abstand r vom Mittelpunkt des Rotors. Der Fluß durch eine solche Windung ist gegeben durch das Integral

$$\Phi(\beta_0, t) = \int \boldsymbol{B}(\beta, t) \cdot \mathrm{d}\boldsymbol{A},$$

wobei über die Fläche des von der Windung berandeten Halbzylinders zu integrieren ist, den das Feld senkrecht durchdringt. Setzt man für das Flächenelement am Rotor- oder Statorumfang

$$\mathrm{dA} = l\, r\, \mathrm{d}\beta\,,$$

so läßt sich der Fluß in der Form

$$\Phi(\beta_0, t) = r\, l \int_{\beta_0 - \pi/2}^{\beta_0 + \pi/2} B(\beta, t)\, \mathrm{d}\beta \tag{13.103}$$

schreiben. Bei der angenommenen cosinusförmigen Feldverteilung nach Gleichung (13.96) und (13.97) sind Rotor- und Statoranteil jeweils von der Form

$$B(\beta, t) = \hat{B} \cos(\varphi(t) - \beta)\,.$$

Es gilt aber allgemein

$$\int_{\beta_0 - \pi/2}^{\beta_0 + \pi/2} \cos(\varphi(t) - \beta)\, \mathrm{d}\beta = -\sin(\varphi(t) - \beta) \Big|_{\beta_0 - \pi/2}^{\beta_0 + \pi/2}$$

$$= 2\cos(\varphi(t) - \beta_0)$$

und damit

$$\Phi(\beta_0, t) = 2\, r l\, B(\beta_0, t)\,. \tag{13.104}$$

Wir berechnen nun mit dieser Formel nacheinander die Flüsse durch eine mittlere Windung des Stranges R der Stator- und Rotorwicklung, und zwar jeweils getrennt nach den vom Stator- oder Rotorfeld herrührenden Anteilen. Für die Richtung der Achse einer mittleren Windung im Strang R des Stators ist nach Abb. 13.20 $\beta_0 = 0$ zu setzen. Damit wird der Flußanteil durch diese Windung, herrührend vom Statorfeld (13.96)

$$\begin{aligned}\Phi_{11}(t) &= 2\,r\,l\,B_1(0,t)\\ &= 2\,r\,l\,\hat{B}_1\cos(\omega_1 t)\\ \Phi_{11}(t) &= \hat{\Phi}_{11}\cos(\omega_1 t)\end{aligned} \tag{13.105}$$

und der Anteil herrührend vom Rotorfeld (13.97)

$$\begin{aligned}\Phi_{12}(t) &= 2\,r\,l\,B_2(0,t)\\ &= 2\,r\,l\,\hat{B}_2\cos(\omega_2 t+\alpha)\\ \Phi_{12}(t) &= \hat{\Phi}_{12}\cos(\omega_2 t+\alpha)\;.\end{aligned} \tag{13.106}$$

Für die Richtung der Achse einer mittleren Windung im Strang R des Rotors ist $\beta_0 = \alpha$ einzusetzen. Damit ergibt sich für den Flußanteil durch diese Windung, herrührend vom Statorfeld,

$$\begin{aligned}\Phi_{21}(t) &= 2\,r\,l\,B_1(\alpha,t)\\ &= 2\,r\,l\,\hat{B}_1\cos(\omega_1 t-\alpha)\\ \Phi_{21}(t) &= \hat{\Phi}_{21}\cos(\omega_1 t-\alpha)\end{aligned} \tag{13.107}$$

und für den Anteil, herrührend vom Rotorfeld,

$$\begin{aligned}\Phi_{22}(t) &= 2\,r\,l\,B_2(\alpha,t)\\ &= 2\,r\,l\,\hat{B}_2\cos(\omega_2 t)\\ \Phi_{22}(t) &= \hat{\Phi}_{22}\cos\omega_2 t\;.\end{aligned} \tag{13.108}$$

Wenn, wie wir annehmen wollen, ein linearer Zusammenhang zwischen magnetischem Fluß und Erregung besteht, läßt sich die lineare Abhängigkeit für die Flußamplituden am Ort der Statorwicklung in der Form

$$\hat{\Phi}_{11} = \frac{n_1 \hat{i}_1}{R_{m11}} \qquad \hat{\Phi}_{12} = \frac{n_2 \hat{i}_2}{R_{m12}}$$

schreiben.

Entsprechendes gilt für die Flußamplituden durch die Rotorwicklung

$$\hat{\Phi}_{21} = \frac{n_1 \hat{i}_1}{R_{m21}} \qquad \hat{\Phi}_{22} = \frac{n_2 \hat{i}_2}{R_{m22}} \; .$$

Dabei bedeuten n_1 und n_2 die Windungszahlen eines Stranges der Stator- bzw. Rotorwicklung. R_{m11}, R_{m12}, R_{m21}, R_{m22} sind die für die jeweiligen magnetischen Kreise geltenden magnetischen Widerstände. Dabei sind die beiden magnetischen Kopplungswiderstände gleich (siehe Abschnitt 7.1 Band II). Durch die Doppelindizes soll angedeutet werden, daß z.B. der vom Statorstrom erregte Fluß mit der Amplitude $\hat{\Phi}_{11}$ nicht vollständig mit der Rotorwicklung verkettet ist, daß also $\hat{\Phi}_{21}$ ungleich $\hat{\Phi}_{11}$ ist. Der Unterschied rührt daher, daß ein Streufluß vorhanden ist, den wir bei unserer bisherigen idealisierten Betrachtung nicht berücksichtigt haben. Entsprechendes gilt für den vom Rotor ausgehenden Fluß.

Zur Vereinfachung der weiteren Rechnung ist es zweckmäßig, für die Flüsse mit ihrer cosinusförmigen Zeitabhängigkeit die gebräuchliche komplexe Schreibweise einzuführen. Wir ersetzen dabei $\hat{i}_1$ und $\hat{i}_2$ durch die zugehörigen komplexen Amplituden und machen damit die im Abschnitt 13.4.1 vorgenommene Einschränkung auf verschwindende Nullphasenwinkel der erregenden Ströme wieder rückgängig. Damit wird aus den Gleichungen (13.105) bis (13.108) mit den angegebenen Abkürzungen:

$$\Phi_{11}(t) = \frac{n_1}{R_{m11}} \operatorname{Re}\{I_1 \, e^{j\omega_1 t}\}$$

$$\Phi_{12}(t) = \frac{n_2}{R_{m12}} \operatorname{Re}\{I_2 \, e^{j\alpha} e^{j\omega_2 t}\}$$

$$\Phi_{21}(t) = \frac{n_1}{R_{m21}} \operatorname{Re}\{I_1 \, e^{-j\alpha} e^{j\omega_1 t}\}$$

$$\Phi_{22}(t) = \frac{n_2}{R_{m22}} \operatorname{Re}\{I_2 \, e^{j\omega_2 t}\}$$

Die Flußanteile durch den ganzen Strang R der Stator- oder Rotorwicklung bilden wir hieraus durch Multiplikation mit den Windungszahlen n_1 bzw. n_2. Das ist nur näherungsweise richtig, denn die Windungen sind tatsächlich über einen Winkelbereich von $\pi/6$ verteilt, und die Flußanteile müßten über diesen Bereich gemittelt werden. Wir denken uns diesen Einfluß durch eine entsprechende Vergrößerung der wirksamen Widerstände berücksichtigt und schreiben im weiteren zur Abkürzung

$$\frac{n_1^2}{R_{m11}} = L_1 \qquad \frac{n_1 n_2}{R_{m12}} = \frac{n_1 n_2}{R_{m21}} = M$$

$$\frac{n_2^2}{R_{m22}} = L_2$$

Damit ergeben sich die Flußanteile durch den gesamten Strang R von Stator und Rotor in der Form

$$\begin{aligned} n_1\, \Phi_{11}(t) &= L_1 \;\operatorname{Re}\{I_1\, e^{j\omega_1 t}\} \\ n_1\, \Phi_{12}(t) &= M \;\operatorname{Re}\{I_2\, e^{j\alpha} e^{j\omega_2 t}\} \end{aligned} \qquad (13.113)$$

$$\begin{aligned} n_2\, \Phi_{21}(t) &= M \;\operatorname{Re}\{I_1\, e^{-j\alpha} e^{j\omega_1 t}\} \\ n_2\, \Phi_{22}(t) &= L_2 \;\operatorname{Re}\{I_2\, e^{j\omega_2 t}\}. \end{aligned} \qquad (13.114)$$

Für die Spannungen an der Wicklung R von Rotor und Stator erhält man nach dem Induktionsgesetz, wenn man überall das Verbrauchersystem für die Zählrichtung von Spannungen und Strömen einführt

$$u_1 = \frac{d}{dt}(n_1 \Phi_{11} + n_1 \Phi_{12}) \qquad (13.115)$$

und

$$u_2 = \frac{d}{dt}(n_2 \Phi_{21} + n_2 \Phi_{22})\,. \qquad (13.116)$$

Beim Einsetzen der Gleichungen (13.113) und (13.114) ist zu berücksichtigen, daß α eine zeitabhängige Größe ist, wenn der Rotor sich dreht. Wir beschränken uns auf den stationären Zustand einer Rotation mit konstanter Winkelgeschwindigkeit ω, setzen also

$$\alpha = \omega t + \alpha_0 \tag{13.117}$$

und erhalten damit

$$u_1(t) = \mathrm{Re}\,\{\,\mathrm{j}\omega_1 L_1 I_1\,\mathrm{e}^{\mathrm{j}\omega_1 t} + \mathrm{j}(\omega + \omega_2) M I_2\,\mathrm{e}^{\mathrm{j}\alpha_0}\,\mathrm{e}^{\mathrm{j}(\omega_2 + \omega)t}\} \tag{13.118}$$

$$u_2(t) = \mathrm{Re}\,\{\mathrm{j}(\omega_1 - \omega) M I_1\,\mathrm{e}^{-\mathrm{j}\alpha_0}\,\mathrm{e}^{\mathrm{j}(\omega_1 - \omega)t} + \mathrm{j}\omega_2 L I_2\,\mathrm{e}^{\mathrm{j}\omega_2 t}\}\,. \tag{13.119}$$

Eine sinusförmige Zeitabhängigkeit ergibt sich für $u_1(t)$ und $u_2(t)$ nur, wenn

$$\omega = \omega_1 - \omega_2 \tag{13.120}$$

gilt, der Rotor sich also so dreht, daß die vom Rotor und Stator erregten Felder mit der gleichen Winkelgeschwindigkeit umlaufen und dadurch nach Gleichung (13.98) ein konstantes Drehmoment entsteht. Wenn wir uns wieder auf diesen allein interessierenden Betriebsfall beschränken und für die Sinusspannungen $u_1(t)$ und $u_2(t)$ komplexe Amplituden einführen

$$u_1(t) = \mathrm{Re}\,\{U_1\,\mathrm{e}^{\mathrm{j}\omega_1 t}\}$$

$$u_2(t) = \mathrm{Re}\,\{U_2\,\mathrm{e}^{\mathrm{j}\omega_2 t}\}$$

wird aus den Beziehungen (13.118) und (13.119)

$$U_1 = \mathrm{j}\omega_1 L_1 I_1 \qquad + \mathrm{j}\omega_1 M I_2\,\mathrm{e}^{\mathrm{j}\alpha_0} \tag{13.121}$$

$$U_2 = \mathrm{j}\omega_2 M I_1\,\mathrm{e}^{-\mathrm{j}\alpha_0} + \mathrm{j}\omega_2 L_2 I_2 \tag{13.122}$$

Diese Gleichungen unterscheiden sich von denen eines verlustfreien Transformators mit festen Wicklungen nur durch den Faktor $\mathrm{e}^{\pm\mathrm{j}\alpha_0}$ und dadurch, daß zwei verschiedene Frequenzen und auch komplexe Amplituden von Spannungen und Strömen mit verschiedenen Frequenzen auftreten. Die erste Gleichung gilt für die Kreisfrequenz ω_1, die zweite für ω_2. Wir beachten, daß U_1, I_1, U_2, I_2 jeweils die komplexen Amplituden von Mitsystemen bedeuten und damit das Betriebsverhalten der Maschine bei Speisung mit symmetrischen Systemen von Spannungen oder Strömen vollständig beschreiben. In den nächsten beiden Abschnitten werden wir diese Gleichungen für die beiden wichtigsten Arten von Drehfeldmaschinen spezialisieren.

13.4.4 Die Synchronmaschine

Eine Drehfeldmaschine, bei der die Winkelgeschwindigkeit des Rotors mit der Umlaufgeschwindigkeit des Statorfeldes übereinstimmt

$$\omega = \omega_1 \ ,$$

bezeichnet man als Synchronmaschine. Hier wird $\omega_2 = 0$, und infolgedessen auch $U_2 = 0$. Der Strom in den Rotorwicklungen ist ein Gleichgedessen auch $U_2 = 0$. Der Strom in den Rotorwicklungen ist ein Gleichstrom. I_2 ist die komplexe Amplitude des aus den drei Gleichströmen i_{R2}, i_{S2}, i_{T2} gebildeten Mitsystems

$$I_2 = \frac{1}{3} (i_{R2} + a i_{S2} + a^2 i_{T2}) \ .$$

Erregt man wie üblich nur die Wicklung R, bzw. trägt der Rotor nur diese eine gleichstromerregte Wicklung, dann wird I_2 reell, was wir weiterhin annehmen wollen.

Zur Beschreibung der Betriebseigenschaften der Synchronmaschine verbleibt nur die Gleichung

$$U_1 = \mathrm{j}\omega_1 L_1 I_1 + \mathrm{j}\omega_1 M I_2 \, \mathrm{e}^{\mathrm{j}\alpha_0} . \tag{13.121}$$

Die Spannung U_1 setzt sich zusammen aus der vom Strom I_1 in der Statorwicklung mit der Induktivität L_1 induzierten Spannung und der vom Magnetfeld des umlaufenden Rotors herrührenden sog. Polradspannung.

Die interessierende Größe beim Betrieb der Maschine an einem Netz mit konstanter Spannung U_1 ist das Verhältnis I_1/U_1, die Eingangs-Admittanz. Sie ist nach Gleichung (13.121)

$$\frac{I_1}{U_1} = \frac{1}{\mathrm{j}\omega_1 L_1} \left(1 - \frac{\mathrm{j}\omega_1 M I_2}{U_1} \mathrm{e}^{\mathrm{j}\alpha_0}\right) . \tag{13.123}$$

Wir schreiben nun in der Klammer

$$U_1 = \hat{u}_1 \mathrm{e}^{\mathrm{j}\varphi_u} , \qquad I_2 = i_2$$

und führen in

$$\frac{\mathrm{j}\omega_1 M I_2}{U_1} \mathrm{e}^{\mathrm{j}\alpha_0} = \frac{\omega_1 M i_2}{\hat{u}_1} \mathrm{e}^{\mathrm{j}(\alpha_0 - \varphi_u + \pi/2)}$$

die Abkürzungen

$$\alpha_0 - \varphi_u + \pi/2 = \vartheta$$

und

$$\frac{\omega_1 M i_2}{\hat{u}_1} = k$$

ein.

Damit erhält Gleichung (13.123) die übersichtliche Form

$$\frac{\omega_1 L_1 I_1}{U_1} = \frac{1}{\mathrm{j}}(1 - k\,\mathrm{e}^{\mathrm{j}\vartheta})\,. \tag{13.124}$$

Den Faktor k, der dem Erregerstrom i_2 proportional ist, können wir als normierten Erregerstrom bezeichnen. ϑ bedeutet den sogenannten Polrad- oder Lastwinkel, nämlich die Abweichung des Rotors von der Stellung, in der Rotor- und Statorfeld am ganzen Umfang gleichgerichtet sind und in der infolgedessen kein Drehmoment ausgeübt wird.

Für $\vartheta = 0$ (Leerlauf) ist der Klammerausdruck in Gleichung (13.124) reell, die Admittanz imaginär; die Maschine nimmt keine Wirkleistung auf. I_1 verschwindet bei einem Erregerstrom, für den $k = 1$ wird. Bei $k < 1$ (Untererregung) wirkt die Maschine wie eine induktive Blindlast, bei $k > 1$ (Übererregung) wie eine kapazitive Blindlast. Eine leerlaufende Synchronmaschine kann also als regelbarer Blindwiderstand verwendet werden.

Die von der Maschine aufgenommene Wirkleistung ist nach Abschnitt 13.3.1 das Dreifache der Leistung im Mitsystem

$$\overline{P} = 3 \cdot \frac{1}{2}\,\mathrm{Re}\,(U_1^* I_1) = \frac{3}{2}(U_1 U_1^*)\,\mathrm{Re}\left\{\frac{I_1}{U_1}\right\}. \tag{13.125}$$

Trennt man in Gleichung (13.124) rechts Real- und Imaginärteil

$$\frac{1}{\mathrm{j}}(1 - k\,\mathrm{e}^{\mathrm{j}\vartheta}) = \frac{1}{\mathrm{j}}(1 - k\cos\vartheta - k\,\mathrm{j}\sin\vartheta)$$

und setzt den Realteil in Gleichung (13.125) ein, so ergibt sich

$$\overline{P} = -\frac{3\,|U_1|^2 k}{2\omega_1 L_1}\sin\vartheta. \tag{13.126}$$

Da wir die Maschine als verlustlos angenommen haben, ist die aufgenommene elektrische Leistung gleich der abgegebenen mechanischen Leistung. Wegen der konstanten Winkelgeschwindigkeit sind mechanische Leistung und Drehmoment einander proportional

$$\bar{P} = \omega_1 M \, .$$

Der Realteil der Admittanz ist also proportional der abgegebenen mechanischen Leistung und dem Drehmoment. Demnach lassen sich die Betriebseigenschaften der Synchronmaschine an einem Netz mit konstanter Spannung unmittelbar aus einer Darstellung der Admittanz in Abhängigkeit von den Parametern k (Erregung) und ϑ (Lastwinkel) ablesen, wie sie in Abb. 13.23 normiert auf $\omega_1 L_1$ gegeben ist.

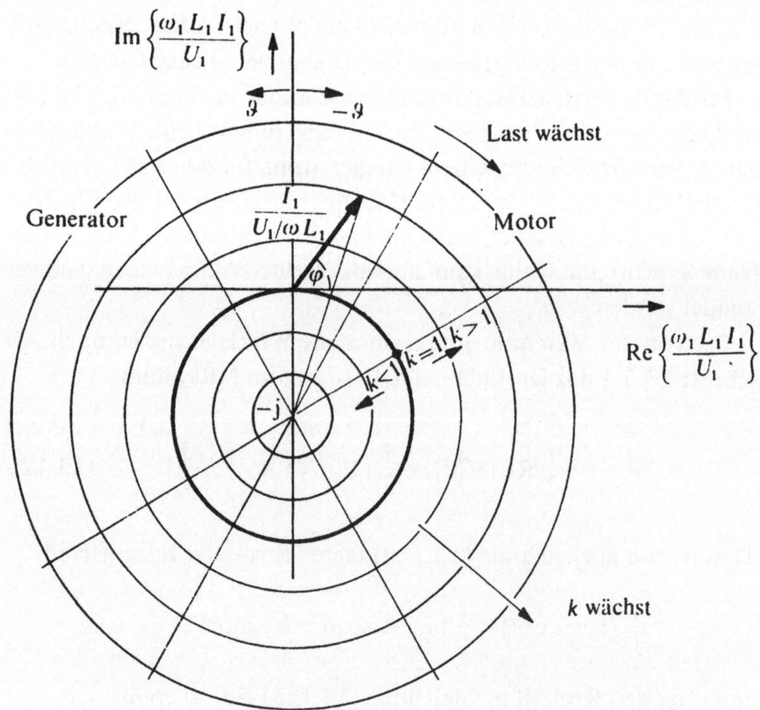

Abb. 13.23 Betriebsdiagramm der Synchronmaschine am Netz mit konstanter Spannung U_1

Die Punkte konstanter Erregung k liegen auf konzentrischen Kreisen um $-j$, die Punkte konstanten Lastwinkels ϑ auf Geraden durch den Kreismittelpunkt.

Für

$$-\pi < \vartheta < 0$$

ist die aufgenommene elektrische Leistung positiv, die Maschine arbeitet als Motor.

Für

$$0 < \vartheta < \pi$$

gibt die Maschine elektrische Leistung ab, sie arbeitet als Generator. Ein stabiler Betriebszustand existiert nur in dem Bereich

$$-\frac{\pi}{2} < \vartheta < +\pi/2 \, ,$$

also auf den oberen Halbkreisen in Abb. 13.23. Denn nur in diesem Bereich führt eine Verkleinerung des Lastwinkels, d.h. ein Zurückbleiben des Rotors, durch größere Last zu einer Vergrößerung der aufgenommenen elektrischen Leistung und damit des abgegebenen Drehmoments. Der Radius des Kreises, auf dem sich die Admittanz in Abhängigkeit vom Lastwinkel bewegt, ist dem Erregerstrom proportional. Man kann für jeden stabilen Betriebszustand den Erregerstrom so einstellen, daß der Imaginärteil der Admittanz verschwindet, also keine Blindleistung aufgenommen oder abgegeben wird. Das ist ein großer Vorteil der Synchronmaschine.

13.4.5 Die Asynchronmaschine

Wir betrachten nun den Fall, daß die Rotorwicklungen nicht von außen gespeist werden, sondern einfach mit drei ohmschen Widerständen abgeschlossen sind. Es gilt dann

$$U_2 = -R\, I_2 \, . \tag{13.127}$$

Das negative Vorzeichen rührt von der den Gleichungen (13.115) und (13.116) zugrunde liegenden symmetrischen Bepfeilung her. Bei dieser Betriebsart kann ein Strom I_2 und damit ein Drehmoment nur entstehen, wenn $U_2 \neq 0$, also nach Gleichung (13.122) $\omega_2 \neq 0$ d.h. $\omega \neq \omega_1$ ist, wenn die Winkelgeschwindigkeit des Rotors also nicht mit der des Statorfeldes übereinstimmt. Man nennt eine nach Gleichung (13.127) beschaltete Maschine deswegen Asynchronmaschine und bezeichnet das Verhältnis ω_2/ω_1 als Schlupf s

$$s = \frac{\omega_2}{\omega_1} = \frac{\omega_1 - \omega}{\omega_1} . \tag{13.128}$$

Der Schlupf ist positiv für $\omega < \omega_1$, d.h. wenn der Rotor hinter dem vom Stator erregten Drehfeld zurückbleibt. Er ist damit eine sehr anschauliche Kenngröße. Wir benutzen sie, um mit dem Gleichungspaar (13.121), (13.122) die Eingangs-Admittanz I_1/U_1 und damit das Betriebsverhalten darzustellen. Die Gleichung (13.127) zusammen mit der Gleichung (13.122) ergibt die Beziehung zwischen I_1 und I_2

$$I_2 = \frac{-\mathrm{j}\omega_2 M \mathrm{e}^{-\mathrm{j}\alpha_0}}{R_2 + \mathrm{j}\omega_2 L_2} I_1 ,$$

die in Gleichung (13.121) eingesetzt wird:

$$U_1 = \left(\mathrm{j}\omega_1 L_1 + \frac{\omega_1 \omega_2 M^2}{R_2 + \mathrm{j}\omega_2 L_2}\right) I_1 .$$

Wir bringen die rechte Seite dieser Gleichung auf einen gemeinsamen Nenner:

$$U_1 = \frac{1 + \mathrm{j}\dfrac{\omega_2 L_2}{R_2}\left(1 - \dfrac{M^2}{L_1 L_2}\right)}{1 + \mathrm{j}\dfrac{\omega_2 L_2}{R_2}} \mathrm{j}\omega_1 L_1 I_1 . \tag{13.129}$$

Hier tritt wieder die Größe

$$1 - \frac{M^2}{L_1 L_2} = \sigma \tag{13.130}$$

auf, die die Streuung zwischen Stator- und Rotorwicklung kennzeichnet und die wir bereits beim Transformator kennengelernt haben. Mit dieser Abkürzung erhält die Admittanz der Asynchronmaschine für das Mitsystem die Form

$$\frac{I_1}{U_1} = \frac{1}{j\omega_1 L_1} \frac{1 + j\dfrac{\omega_2 L_2}{R_2}}{1 + j\sigma\dfrac{\omega_2 L_2}{R_2}} . \tag{13.131}$$

Es ist aber

$$\omega_2 = s\,\omega_1 ,$$

also gilt

$$\frac{I_1}{U_1} = \frac{1}{j\omega_1 L_1} \frac{1 + j\omega_1 s L_2/R_2}{1 + j\omega_1 \sigma s L_2/R_2} . \tag{13.132}$$

Die Eingangsadmittanz der Asynchronmaschine ist gleich der Eingangsadmittanz eines Transformators mit fester Wicklung, der mit einem Widerstand R_2/s abgeschlossen ist. Denn benutzt man z.B. die Transformator-Ersatzschaltung von Abb. 11.41 (Band III), so ergibt sich für die Eingangsadmittanz des mit R_2/s abgeschlossenen Transformators nach Abb. 13.24

$$\frac{I_1}{U_1} = \frac{1}{j\omega_1 L_1} + \frac{1}{\dfrac{\sigma}{1-\sigma} j\omega_1 L_1 + \ddot{u}^2 R_2/s} .$$

Mit

$$\ddot{u}^2 = \frac{1}{1-\sigma}\frac{L_1}{L_2}$$

wird daraus die Beziehung (13.132).

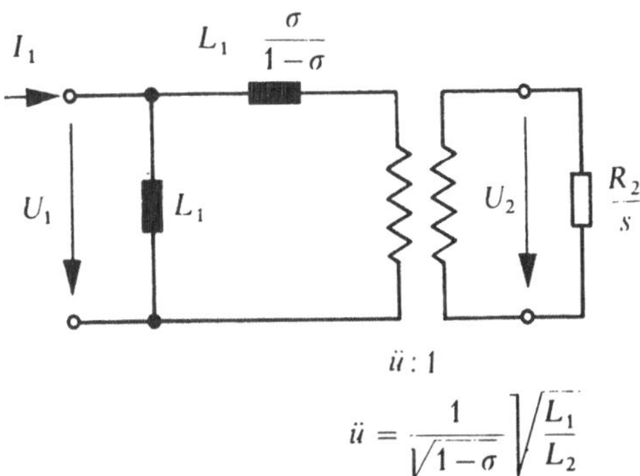

Abb. 13.24 Transformatorersatzschaltung der Asynchronmaschine

Ändert man den Schlupf s und damit den Abschlußwiderstand R_2/s des Transformators der Abb. 13.24, so erhält man für die Ortskurve der Eingangsadmittanz einen Kreis wie in Abb. 11.48 (Band III). Dort ist nur der Halbkreis für positiven Abschlußwiderstand dargestellt. Hier ergibt sich ein Vollkreis, da s auch negativ sein kann (Generatorbetrieb). Um die Kreisgleichung erkennen zu können, führen wir durch die Gleichung

$$\frac{\sigma s \omega_1 L_2}{R_2} = \tan(\gamma/2) \tag{13.133}$$

eine Hilfsgröße γ ein.

Damit geht Gleichung (13.132) über in

$$\frac{I_1}{U_1} = \frac{1}{\mathrm{j}\omega_1 L_1} \frac{1 + \frac{\mathrm{j}}{\sigma} \tan(\gamma/2)}{1 + \mathrm{j} \tan(\gamma/2)} =$$

$$= \frac{1}{\mathrm{j}\omega_1 L_1} \frac{\cos(\gamma/2) + \frac{\mathrm{j}}{\sigma} \sin(\gamma/2)}{\cos(\gamma/2) + \mathrm{j} \sin(\gamma/2)}$$

$$\frac{I_1}{U_1} = \frac{e^{-\mathrm{j}\gamma/2}}{\mathrm{j}\omega_1 L_1} \left[\frac{1}{2} (e^{\mathrm{j}\gamma/2} + e^{-\mathrm{j}\gamma/2}) + \frac{1}{2\sigma} (e^{\mathrm{j}\gamma/2} - e^{-\mathrm{j}\gamma/2}) \right]$$

$$\frac{I_1}{U_1} = \frac{1}{\mathrm{j}\omega_1 L_1 2\sigma} (1 + \sigma - (1 - \sigma)\, e^{-\mathrm{j}\gamma}) .$$

Wenn wir den Faktor $\omega_1 L_1$ auf die linke Seite nehmen, ergibt sich die so normierte Admittanz zu

$$\frac{\omega_1 L_1 I_1}{U_1} = \frac{1 + \sigma}{2\sigma} (-\mathrm{j} + \mathrm{j} \frac{1 - \sigma}{1 + \sigma} e^{-\mathrm{j}\gamma}) . \tag{13.134}$$

Aus dieser Gleichung, deren rechte Seite in Abhängigkeit von γ in der Abb. 13.25 dargestellt ist, lassen sich die Betriebseigenschaften der Asynchronmaschine unmittelbar ablesen.

Die Ortskurve der normierten Admittanz ist ein Kreis mit dem Mittelpunkt bei $-\mathrm{j}\,(1+\sigma)/2\sigma$ und einem Radius $(1-\sigma)/2\sigma$.Der Kreis liegt also, anders als bei der Synchronmaschine, vollständig in der unteren Halbebene. Die Admittanz hat also bei allen Betriebszuständen eine negative Blindkomponente. Der Realteil der Admittanz und damit die aufgenommene Wirkleistung sind negativ für

$$-\pi < \gamma < 0$$

d.h. aber

$$s < 0 \qquad \text{oder} \qquad \omega > \omega_1 .$$

Die Maschine wirkt als Generator, wenn sie mit $\omega > \omega_1$ angetrieben wird.

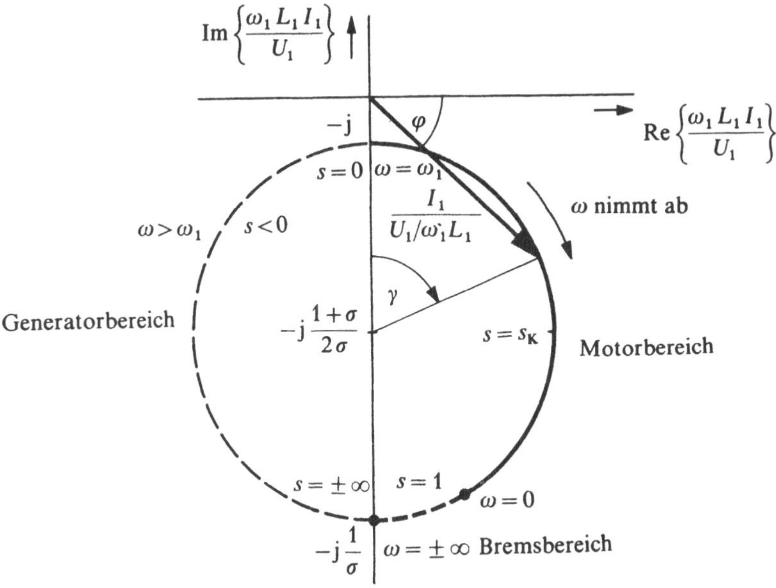

Abb. 13.25 Betriebsdiagramm der Asynchronmaschine

Die aufgenommene Wirkleistung ist positiv für

$$0 < \gamma < \pi, \qquad \text{d.h.} \qquad s > 0 .$$

Dieser Bereich zerfällt in den Motorbereich

$$0 < s < 1, \qquad \text{d.h.} \qquad 0 < \omega < \omega_1 ,$$

in dem der Rotor sich in Umlaufrichtung des Feldes, aber mit geringerer Geschwindigkeit dreht, und den sogenannten Bremsbereich

$$s > 1, \qquad \text{d.h.} \qquad \omega < 0\,,$$

in dem der Rotor gegen die Umlaufrichtung des Feldes angetrieben wird. Für den Winkel γ_0, der die Grenze zwischen diesen beiden Bereichen bildet, ergibt sich aus Gleichung (13.133), indem man dort $s = 1$ setzt:

$$\tan \gamma_0/2 = \frac{\sigma\omega_1 L_2}{R_2}\ .$$

Die drei Betriebsbereiche sind in Abb. 13.25 eingezeichnet und mit ihren Daten nochmals in der folgenden Tabelle zusammengestellt.

	ω	s	γ	$\frac{\omega_1 L_1 I_1}{U_1}$
Leerlauf	ω_1	0	0	$\frac{1}{j}$
Stillstand	0	1	γ_0	
Kurzschlußpunkt	$\pm\infty$	$\mp\infty$	π	$\frac{1}{j\sigma}$
Kippunkt	ω_k	$\pm s_k$	$\pm\pi/2$	$\pm\frac{1-\sigma}{2\sigma}+\frac{1+\sigma}{j2\sigma}$
Motorbetrieb	$0 < \omega < \omega_1$	$0 < s < 1$		$\mathrm{Re} > 0$
Generatorbetrieb	$\omega_1 < \omega < \infty$	$s < 0$		$\mathrm{Re} < 0$
Bremsbetrieb	$\omega < 0$	$1 < s < \infty$		$\mathrm{Re} > 0$

Ein stabiler Betrieb ist nur in dem Bereich

$$-\pi/2 < \gamma < +\pi/2$$

möglich, denn nur hier nimmt die aufgenommene Wirkleistung mit wachsendem γ, d.h. wachsendem Schlupf, zu. Den maximalen Schlupf an der Grenze des stabilen Bereiches bezeichnet man als Kippschlupf s_k. Für ihn gilt nach Gleichung (13.133)

$$\frac{\sigma s_k \omega_1 L_2}{R_2} = 1 ,$$

d.h.

$$s_k = \frac{R_2}{\sigma \omega_1 L_2} . \qquad (13.135)$$

Wir können also den stabilen Bereich auch kennzeichnen durch

$$-s_k < s < s_k .$$

Leistung und Drehmoment

Anders als bei der Synchronmaschine ist die aus der Eingangsadmittanz bei konstanter Spannung nach Gleichung (13.125) zu ermittelnde Wirkleistung nicht gleich der von der Maschine abgegebenen mechanischen Leistung, weil ja in den Abschlußwiderständen zusätzlich elektrische Energie in Wärme umgesetzt wird. Die aufgenommene elektrische Leistung ist aber proportional dem Drehmoment der Maschine. Das läßt sich aus dem Transformator-Ersatzschaltbild Abb. 13.24 der Asynchronmaschine herleiten. Nach Gleichung (13.132) stimmt die Eingangsadmittanz der Asynchronmaschine überein mit der eines verlustfreien ruhenden Transformators, der mit R_2/s abgeschlossen ist. Die von diesem Transformator aufgenommene und an den Abschlußwiderstand abgegebene Leistung ist, ausgedrückt durch die komplexe Amplitude I_2, gleich $\frac{1}{2}\ |I_2|^2\ R_2/s$. Die von der Asynchronmaschine aufgenommene Leistung ist das Dreifache dieser Leistung im Mitsystem

$$\overline{P}_1 = \frac{3}{2}\,|I_2|^2\,\frac{R_2}{s} . \qquad (13.136)$$

Von der Asynchronmaschine wird aber nur die Verlustleistung

$$\overline{P}_v = \frac{3}{2}\,|I_2|^2\,R_2$$

an den Abschlußwiderstand R_2 abgegeben. Der Rest

$$\overline{P}_2 = \overline{P}_1 - \overline{P}_v = \frac{3}{2}\,|I_2|^2\,\frac{1-s}{s}\,R_2 \qquad (13.137)$$

ist die abgegebene mechanische Leistung. Wir können das im Ersatzschaltbild dadurch darstellen, daß wir R_2/s aufspalten in

$$\frac{R_2}{s} = R_2 + \frac{1-s}{s} R_2 , \tag{13.138}$$

wie es auch in Abb. 13.26 eingezeichnet ist.

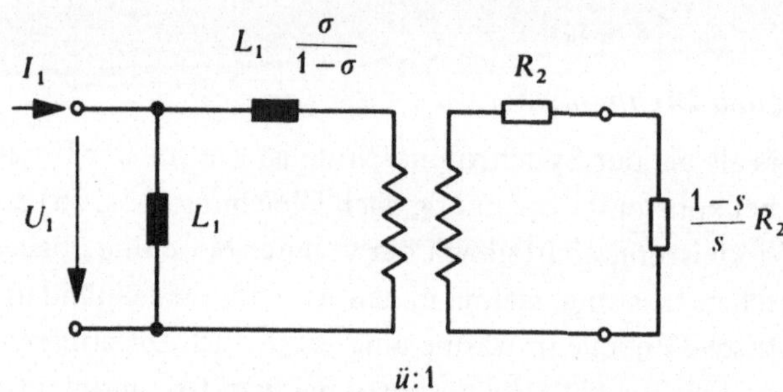

Abb. 13.26 Zur Aufteilung der Leistung der Asynchronmaschine in Verlustleistung und mechanische Leistung

R_2 repräsentiert dann den elektrischen Ausgang, $(1-s)R_2/s$ den mechanischen Ausgang, d.h. die in diesem Widerstand der Ersatzschaltung umgesetzte elektrische Leistung ist gleich der abgegebenen mechanischen Leistung. Man beachte, daß $(1-s)R_2/s$ im Generatorbereich und im Bremsbereich negativ ist, weil die Maschine hier mechanische Leistung aufnimmt.

Aus den eben angeschriebenen Gleichungen oder aus der Ersatzschaltung Abb. 13.26 können wir nun auch das Verhältnis $\overline{P}_2/\overline{P}_1$, den Wirkungsgrad der Asynchronmaschine im Motorbetrieb ablesen. Aus dem Verhältnis der Leistungen (13.136) und (13.137) ergibt sich

$$\frac{\overline{P}_2}{\overline{P}_1} = 1 - s . \tag{13.139}$$

Für das Drehmoment M gilt

$$\overline{P}_2 = \omega M = (1-s)\,\omega_1 M .$$

Mit Gleichung (13.139) ergibt sich

$$\omega_1 M = \overline{P}_1 \ .$$

Das Drehmoment ist also proportional der Wirkleistung $\overline{P}_1$, für die nach Gleichung (13.125) gilt

$$\overline{P}_1 = \frac{3}{2} \, |U_1|^2 \ \mathrm{Re}\left\{\frac{I_1}{U_1}\right\} .$$

Für $\mathrm{Re}\left\{\frac{I_1}{U_1}\right\}$ nach Gleichung (13.132) erhält man, wenn man den Kippschlupf aus Gleichung (13.135) einführt

$$\mathrm{Re}\left\{\frac{I_1}{U_1}\right\} = \mathrm{Re}\left\{\frac{1}{\mathrm{j}\omega_1 L_1} \, \frac{1 + \mathrm{j}\dfrac{s}{\sigma s_k}}{1 + \mathrm{j}\dfrac{s}{s_k}}\right\} = \frac{1}{\omega_1 L_1} \, \frac{-\dfrac{s}{s_k} + \dfrac{s}{\sigma s_k}}{(1 + \dfrac{s}{s_k})^2} .$$

Somit wird das Drehmoment der Asynchronmaschine in Abhängigkeit vom Schlupf

$$M = \frac{\overline{P}_1}{\omega_1} = \frac{3}{2} \, \frac{|U_1|^2}{\omega_1^2 L_1} \, \frac{1-\sigma}{\sigma} \, \frac{1}{\dfrac{s}{s_k} + \dfrac{s_k}{s}} \ . \tag{13.140}$$

Der betragsgrößte Wert von M wird erreicht bei $s = \pm s_k$ (Motor bzw. Generatorbetrieb). Jeder Wert von M mit kleinerem Betrag kann durch zwei Werte von s erreicht werden, nur der betragskleinere gehört zu einem stabilen Betriebszustand.

Trägt man für den Motorbereich $0 < s < 1$ das Drehmoment über s mit s_k als Parameter auf, so erhält man die in Abb. 13.27 dargestellte Kurvenschar. Je kleiner R_2 und damit s_k ist, desto mehr rückt das Maximum des Drehmoments in den Bereich kleinen Schlupfes und guten Wirkungsgrades. Man macht deshalb R_2 für den Betrieb möglichst klein, d.h. man schließt die Rotorwicklung kurz, so daß für R_2 nur der unvermeidbare Wicklungswiderstand verbleibt. Ein kurzgeschlossener Rotor läßt sich sehr einfach als sogenannter Käfigläufer bauen, bei dem die Wicklung aus Aluminiumstäben besteht, die in die Nuten eingegossen und an den Stirnseiten des Rotors durch angegossene Ringe miteinander verbunden sind.

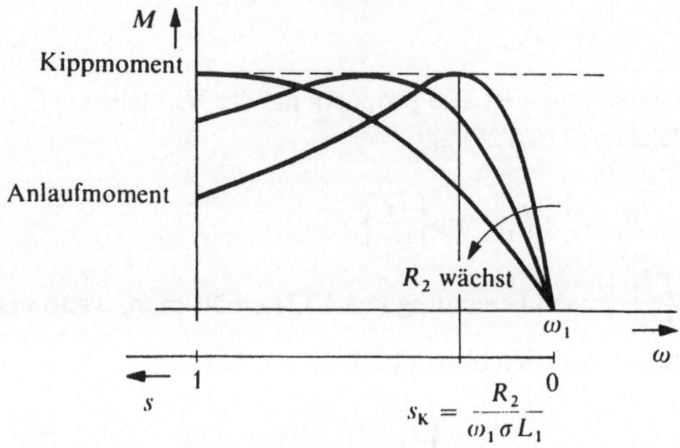

Abb. 13.27 Drehmomentkennlinie der Asynchronmaschine

Je kleiner R_2 und damit s_K ist, desto kleiner wird, wie Abb. 13.27 zeigt, allerdings das Drehmoment im Stillstand ($s = 1$) und beim Anlauf. Für einen Anlauf unter Last muß man R_2 beim Anlauf vergrößern. Das kann beim Käfigläufer innerhalb gewisser Grenzen durch entsprechende Gestaltung der in die Nuten eingegossenen Leiterstäbe erreicht werden. Man gibt den Stäben eine Form, bei der die Wirbelströme eine möglichst starke Stromverdrängung und damit Widerstandserhöhung hervorrufen. Da die Rotorströme die Frequenz $\omega_2 = s\,\omega_1$ haben, wird die Stromverdrängung nur bei großem Schlupf, also im Stillstand und beim Anlauf wirksam. Größere Maschinen baut man auch als sog. Schleifringläufer, bei denen die Enden der Rotorwicklungen an Schleifringe geführt werden, über die sie dann mit regelbaren Widerständen verbunden werden können. Bei einer solchen Maschine läßt sich die Drehgeschwindigkeit bei einem bestimmten Drehmoment im Bereich $0 < s < 1$ beliebig einstellen. Da die Energie in den Abschlußwiderständen in der Regel nicht genutzt werden kann, sinkt nach Gleichung (13.139) der Wirkungsgrad mit wachsendem Schlupf.

Wegen des einfachen Aufbaus und der günstigen Betriebseigenschaften werden die meisten Elektromotoren kleiner und mittlerer Leistung als Asynchronmaschinen gebaut. Als Generator wird die Asynchronmaschine neuerdings bei der Energie-Direktumwandlung verwendet.

Hier tritt an die Stelle der kurzgeschlossenen Rotorwicklung ein schnellbewegter Strom flüssigen Metalls. Eine Abwandlung der Asynchronmaschine ist der Linearmotor, der für den Antrieb von Schnellfahrzeugen ins Auge gefaßt wird. Hier ist der Rotor gewissermaßen abgewickelt entlang der Fahrbahn ausgelegt. Die der Statorwicklung entsprechende drehstromgespeiste Anordnung befindet sich auf dem Fahrzeug.

14. DIE FOURIER-DARSTELLUNG VON ZEITFUNKTIONEN

14.1 Die Darstellung periodischer Vorgänge durch Fourier-Reihen

Bei der Berechnung der Ströme und Spannungen in linearen Netzen haben wir uns bisher auf den Fall beschränkt, daß das Netz mit sinusförmigen Spannungen und Strömen **einer** Frequenz gespeist wird und sich im eingeschwungenen Zustand befindet. Wegen des in linearen Netzen geltenden Superpositionsprinzips läßt sich das gleiche Rechenverfahren auch für speisende Spannungen und Ströme beliebiger Zeitabhängigkeit verwenden, wenn es gelingt, diese Zeitfunktionen in sinusförmige Schwingungen zu zerlegen.

Eine solche Zerlegung ist unter sehr allgemeinen Voraussetzungen möglich. Der einfachste Fall liegt vor, wenn es sich um eine periodische Zeitfunktion handelt:

$$f(t+T)=f(t)\,.$$

Eine periodische Funktion läßt sich in eine Fourier-Reihe

$$f(t)=\frac{a_0}{2}+\sum_{\nu=1}^{\infty}\left[a_\nu\cos\nu\omega_0 t+b_\nu\sin\nu\omega_0 t\right] \tag{14.1}$$

entwickeln, wobei für den Zusammenhang zwischen ω_0 und der Periodendauer T

$$\omega_0 T=2\pi \tag{14.2}$$

gilt. Die Anteile mit $\nu = 1$ bilden die Grundschwingung, die mit $\nu = 2,3,\ldots$ die Oberschwingungen.

Für die Entwickelbarkeit einer periodischen Funktion in eine Fourier-Reihe ist es hinreichend, daß die Funktion und ihre Ableitung im

Periodenintervall bis auf endlich viele Sprungstellen stetig sind und daß die Sprünge an diesen Stellen endlich sind. (Siehe hierzu z.B. D. Laugwitz: Ingenieurmathematik IV, BI Hochschultaschenbuch 62/62a)

Wegen der Orthogonalität von $\cos\nu x$, $\sin\nu x$ lassen sich die Koeffizienten a_ν, b_ν einzeln nach den Gleichungen

$$a_\nu = \frac{2}{T} \int_{-T/2}^{+T/2} f(t) \cos\nu\omega_0 t \, \mathrm{d}t \qquad \nu = 0, 1, 2, \ldots \tag{14.4}$$

$$b_\nu = \frac{2}{T} \int_{-T/2}^{+T/2} f(t) \sin\nu\omega_0 t \, \mathrm{d}t \qquad \nu = 0, 1, 2, \ldots \tag{14.5}$$

bestimmen. Die Integrationsgrenzen, die hier mit $\pm T/2$ angeschrieben sind, können beliebig gewählt werden; die Integration muß sich nur über eine volle Periode T erstrecken.

Eine der Rechnung mit den komplexen Amplituden angepaßte und formal besonders einfache Darstellung der Fourier-Reihe und ihrer Koeffizienten erhält man durch eine Zusammenfassung der a_ν und b_ν zu komplexen Koeffizienten

$$c_\nu = \frac{1}{2}(a_\nu - \mathrm{j}\, b_\nu) \, . \tag{14.6}$$

Durch Einsetzen der Gleichungen (14.4) und (14.5) ergibt sich

$$c_\nu = \frac{1}{T} \int_{-T/2}^{+T/2} f(t)\,(\cos\nu\omega_0 t - \mathrm{j}\sin\nu\omega_0 t)\, \mathrm{d}t$$

$$c_\nu = \frac{1}{T} \int_{-T/2}^{+T/2} f(t)\mathrm{e}^{-\mathrm{j}\nu\omega_0 t} \mathrm{d}t \tag{14.7}$$

Schreibt man Gleichung (14.7) nicht nur für positive, sondern auch für negative ν an, so gilt für reellwertige Funktionen $f(t)$

$$c_{-\nu} = c_\nu^* \, . \tag{14.8}$$

Wir führen nun die komplexen Koeffizienten c_ν in die Fourier-Reihe (14.1) ein und schreiben dazu die trigonometrischen Funktionen in der Exponentialform

$$f(t) = \frac{a_0}{2} + \sum_{\nu=1}^{\infty} \frac{a_\nu}{2} (e^{j\nu\omega_0 t} + e^{-j\nu\omega_0 t}) +$$

$$+ \sum_{\nu=1}^{\infty} \frac{b_\nu}{2j} (e^{j\nu\omega_0 t} - e^{-j\nu\omega_0 t}) .$$

Zusammenfassen der Glieder mit gleichen Exponentialfunktionen liefert

$$f(t) = \frac{a_0}{2} + \sum_{\nu=1}^{\infty} \frac{1}{2} (a_\nu - jb_\nu) e^{j\nu\omega_0 t} +$$

$$+ \sum_{\nu=1}^{\infty} \frac{1}{2} (a_\nu + jb_\nu) e^{-j\nu\omega_0 t} . \qquad (14.9)$$

Die erste Summe enthält bereits die in Gleichung (14.6) definierten c_ν.

Die Koeffizienten der zweiten Summe sind

$$\frac{1}{2} (a_\nu + jb_\nu) = c_\nu^* = c_{-\nu} .$$

Wenn wir hier ν durch $-\nu$ ersetzen und damit von $-\infty$ bis -1 summieren, lassen sich alle drei Anteile in der Beziehung (14.9) zu der Gleichung

$$f(t) = \sum_{\nu=-\infty}^{+\infty} c_\nu e^{j\nu\omega_0 t} \qquad (14.10)$$

zusammenfassen. Dabei ist zu bemerken, daß diese Reihe nur dann die gleichen Konvergenzeigenschaften hat wie die Reihe (14.1), wenn man bei der Summation jeweils die Glieder mit $\pm\,\nu$ paarweise zusammenfaßt. Ein solches Paar

$$c_\nu e^{j\nu\omega_0 t} + c_{-\nu} e^{-j\nu\omega_0 t}$$

ergibt einen reellen Summanden. Diese Zusammenfassung entspricht genau der Darstellung einer Sinusschwingung durch ihre komplexe Amplitude

$$\frac{1}{2}(U\mathrm{e}^{\mathrm{j}\omega t} + U^*\mathrm{e}^{-\mathrm{j}\omega t}) .$$

Die c_ν stimmen also bis auf den Faktor 1/2 mit der komplexen Amplitude der Wechselstromrechnung überein, wie wir sie im Abschnitt 10.2 eingeführt haben; sie bestimmen wie diese Amplitude und Nullphasenwinkel der betreffenden cosinusförmigen Schwingung.

Man bezeichnet die Reihe (14.10) auch als die Spektraldarstellung der Zeitfunktion $f(t)$ und die c_ν als die Spektralkomponenten. Das Spektrum einer periodischen Funktion hat nur Komponenten bei diskreten Kreisfrequenzen $\nu\omega_0$; es ist ein Linienspektrum. Das Spektrum erstreckt sich über positive und negative Frequenzen. Wegen $c_{-\nu} = c_\nu^*$ sind aber die Komponenten bei negativen Frequenzen durch die entsprechenden bei positiven Frequenzen eindeutig bestimmt. Deswegen beschränken sich Berechnung und Darstellung gewöhnlich auf die Komponenten bei positivem ω. Das gilt insbesondere, wenn man sich nur für die Beträge der Komponenten

$$|c_\nu| = \sqrt{c_\nu \cdot c_\nu^*}$$

interessiert.

Am einfachen Beispiel einer Rechteckschwingung soll die Berechnung der c_ν und die Aufstellung der Fourier-Reihe gezeigt werden:

Die Funktion $f(t)$ nach Abb. 14.1 ist gegeben durch

$$f(t) = \begin{cases} -f_0 & -T/2 < t < 0 \\ +f_0 & 0 < t < +T/2 \end{cases}$$

und wird mit der Periode T fortgesetzt.

Durch Einsetzen von $f(t)$ in die Gleichung (14.7) ergeben sich die c_ν zu

$$c_\nu = \frac{1}{T}\int\limits_{-T/2}^{0} (-f_0)\mathrm{e}^{-\mathrm{j}\nu\omega_0 t}\mathrm{d}t + \frac{1}{T}\int\limits_{0}^{T/2} f_0\mathrm{e}^{-\mathrm{j}\nu\omega_0 t}\mathrm{d}t$$

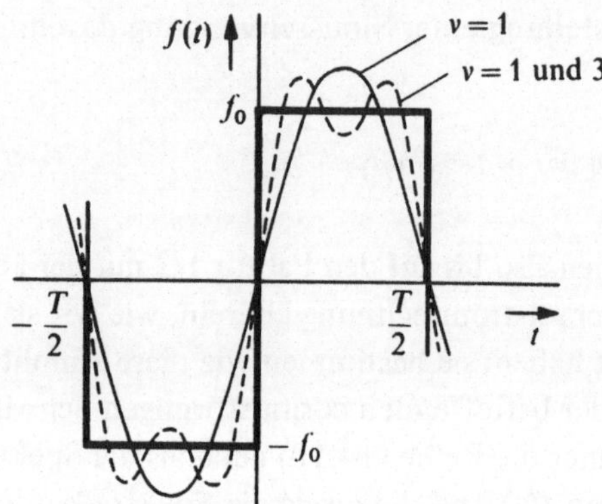

Abb. 14.1 Zur Fourierzerlegung einer Rechteckschwingung

$$c_\nu = \frac{f_0}{T}\left[\frac{-\mathrm{e}^{-\mathrm{j}\nu\omega_0 t}}{-\mathrm{j}\nu\omega_0}\Bigg|_{-T/2}^{0} + \frac{\mathrm{e}^{-\mathrm{j}\nu\omega_0 t}}{-\mathrm{j}\nu\omega_0}\Bigg|_{0}^{T/2}\right]$$

Wegen Gleichung (14.2) wird

$$\mathrm{e}^{-\mathrm{j}\nu\omega_0 T/2} = \mathrm{e}^{-\mathrm{j}\nu\pi} = (-1)^\nu$$

$$c_\nu = \frac{f_0}{\mathrm{j}\nu\pi}\,(1-(-1)^\nu).$$

Die c_ν sind imaginär; alle c_ν mit geradzahligen ν verschwinden. Das Spektrum hat also nur Komponenten bei $\pm\,\omega_0$; $\pm\,3\omega_0$ usw., deren Beträge mit $1/|\nu|$ abnehmen, wie es in Abb. 14.2 dargestellt ist.

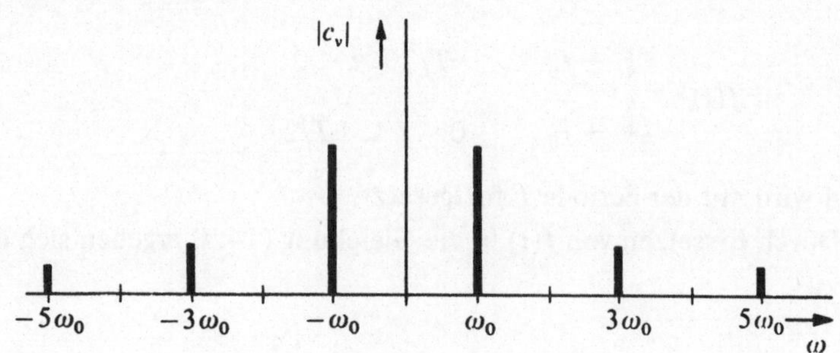

Abb. 14.2 Amplitudenspektrum der Rechteckschwingung von Abb. 14.1

Die Fourier-Reihe für die Rechteckschwingung lautet demnach

$$f(t) = \sum_{\nu=-\infty}^{+\infty} \frac{2f_0}{\mathrm{j}\nu\pi} \mathrm{e}^{\mathrm{j}\nu\omega_0 t} \qquad \nu \text{ ungerade.}$$

Faßt man jeweils die beiden Anteile mit $\pm \nu$ zusammen, so entsteht die bekannte reelle Form

$$f(t) = \sum_{\nu=1,3,\dots}^{\infty} \frac{4f_0}{\nu\pi} \frac{\mathrm{e}^{\mathrm{j}\nu\omega_0 t} - \mathrm{e}^{-\mathrm{j}\nu\omega_0 t}}{2\mathrm{j}} = \sum_{\nu=1,3,\dots}^{\infty} \frac{4f_0}{\nu\pi} \sin\nu\omega_0 t\,,$$

deren Teilsumme bis $\nu = 3$ in Abb. 14.1 eingezeichnet ist.

Die Berechnung der c_ν vereinfacht sich, wenn die Funktion $f(t)$, wie im obigen Beispiel, gewisse Symmetriebedingungen erfüllt. Wir betrachten die wichtigsten Sonderfälle:

a) $f(t)$ gerade : $f(t) = f(-t)$.

Teilt man das Integrationsintervall in zwei gleiche Teilintervalle

$$c_\nu = \frac{1}{T} \int_{-T/2}^{0} f(t)\mathrm{e}^{-\mathrm{j}\nu\omega_0 t}\mathrm{d}t + \frac{1}{T} \int_{0}^{T/2} f(t)\mathrm{e}^{-\mathrm{j}\nu\omega_0 t}\mathrm{d}t$$

und ersetzt im ersten Integral t durch $-t$, so erhält man zwei Integrale mit übereinstimmenden Grenzen

$$c_\nu = \frac{1}{T} \int_{0}^{T/2} [f(-t)\mathrm{e}^{\mathrm{j}\nu\omega_0 t} + f(t)\mathrm{e}^{-\mathrm{j}\nu\omega_0 t}]\ \mathrm{d}t\,.$$

Setzt man jetzt noch $f(t) = f(-t)$ ein, so ergibt sich

$$c_\nu = \frac{2}{T} \int_{0}^{T/2} f(t)\cos\nu\omega_0 t\ \mathrm{d}t\,. \qquad (14.11)$$

Alle Koeffizienten c_ν sind reell.

b) $f(t)$ ungerade : $f(t) = -f(-t)$.

Hier ergibt eine entsprechende Rechnung

$$c_\nu = \frac{2}{\mathrm{j}T} \int_{0}^{T/2} f(t)\sin\nu\omega_0 t\ \mathrm{d}t\,. \qquad (14.12)$$

Alle c_ν sind imaginär.

c) $f(t)$ ungerade mit der halben Periode : $f(t) = -f(t-T/2)$.

Ein Beispiel einer solchen Funktion zeigt Abb. 14.3. Wenn man hier das Integrationsintervall in zwei gleiche Intervalle aufteilt

$$c_\nu = \frac{1}{T}\int_{-T/2}^{0} f(t)\mathrm{e}^{-\mathrm{j}\nu\omega_0 t}\mathrm{d}t + \frac{1}{T}\int_{0}^{T/2} f(t)\mathrm{e}^{-\mathrm{j}\nu\omega_0 t}\mathrm{d}t$$

und im ersten Integral t gegen $t-T/2$ vertauscht, so stimmen die Integrationsgrenzen beider Integrale überein:

$$c_\nu = \frac{1}{T}\int_{0}^{T/2} f(t-T/2)\mathrm{e}^{-\mathrm{j}\nu\omega_0 (t-T/2)}\mathrm{d}t + \frac{1}{T}\int_{0}^{T/2} f(t)\mathrm{e}^{-\mathrm{j}\nu\omega_0 t}\mathrm{d}t\,.$$

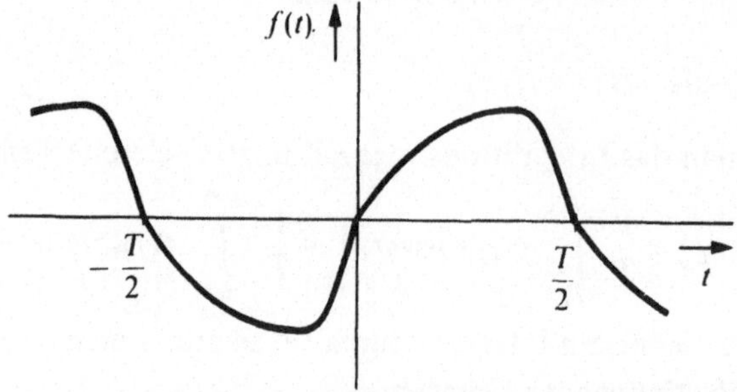

Abb. 14.3 Periodische Funktion mit der Eigenschaft c) : $f(t) = -f(t-T/2)$

Setzt man die Symmetriebeziehung für $f(t)$ ein, dann lassen sich beide Integrale zusammenfassen

$$c_\nu = \frac{1}{T}\int_{0}^{T/2} f(t)\,(1-\mathrm{e}^{+\mathrm{j}\nu\omega_0 T/2})\,\mathrm{e}^{-\mathrm{j}\nu\omega_0 t}\mathrm{d}t$$

und es ergibt sich

$$c_\nu = \frac{1-(-1)^\nu}{T}\int_{0}^{T/2} f(t)\mathrm{e}^{-\mathrm{j}\nu\omega_0 t}\mathrm{d}t\,. \tag{14.13}$$

Diese Symmetrie führt also zum Verschwinden aller geradzahligen Koeffizienten.

Häufig treten die Fälle b und c gemeinsam auf, z.B. bei der oben behandelten Rechteckschwingung oder bei der in Abb. 14.4 dargestellten Funktion.

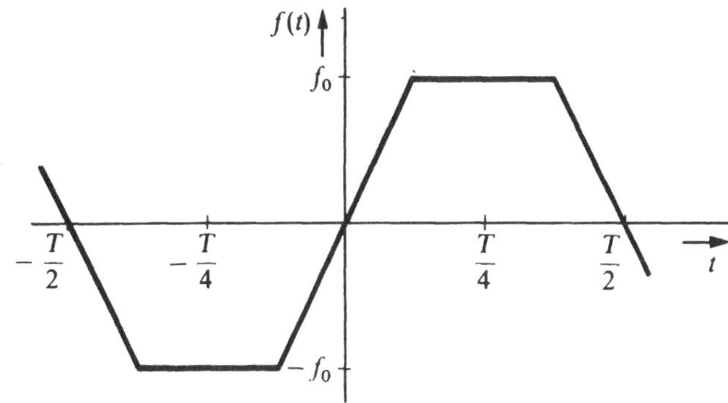

Abb. 14.4 Periodische Funktion mit den Eigenschaften b) und c)

Dann braucht man nur über eine Viertelperiode zu integrieren, und es gilt

$$c_\nu = \frac{4}{\mathrm{j}T} \int_0^{T/4} f(t) \sin \nu\omega_0 t \qquad \nu \text{ ungerade}, \qquad (14.14)$$

weil die Funktionen $\sin \nu\omega_0 t$ bei ungeraden ν symmetrisch zu $T/4$ sind.

Zur Berechnung der Ströme und Spannungen in einem linearen Netz, das mit einer beliebigen periodischen Spannung gespeist wird, hat man also die speisende Spannung in ihr Fourier-Spektrum zu zerlegen. Für jede Komponente ist dann nach den Regeln der komplexen Wechselstromrechnung die zugehörige komplexe Spannungs- oder Stromamplitude in dem interessierenden Zweig zu bestimmen und schließlich sind die hieraus sich ergebenden Zeitfunktionen zu addieren, was wegen der Linearität des Netzes zulässig ist. Wenn die Reihe schnell konvergiert, was in vielen Anwendungsfällen zutrifft, ergeben bereits wenige Reihenglieder die gesuchte Zeitfunktion mit ausreichender Genauigkeit.

14.2 Das Fourier-Integral

Es liegt nahe, die Darstellung periodischer Zeitfunktionen durch Fourier-Reihen in der Weise zu verallgemeinern, daß man die Periodendauer T gegen unendlich streben läßt, um so auch nichtperiodische Zeitfunktionen aus sinusförmigen Schwingungen zusammensetzen zu können. Hierzu muß man in den Gleichungen (14.7) und (14.10) den Grenzübergang $T \to \infty$ durchführen, wobei weiterhin

$$\omega_0 T = 2\pi \tag{14.2}$$

gilt. Bei dem Grenzübergang strebt also die Grundkreisfrequenz ω_0 und damit auch der Abstand zweier benachbarter Frequenzen des Spektrums gegen null. Das Linienspektrum mit einer abzählbaren Menge von Komponenten geht in ein kontinuierliches Spektrum mit einer überabzählbaren Menge von Komponenten über. Um das anzudeuten, schreiben wir $\Delta\omega$ statt ω_0, also

$$\Delta\omega T = 2\pi.$$

In dieser Schreibweise erhalten die Gleichungen (14.7) und (14.10) die Form

$$c_\nu = \frac{\Delta\omega}{2\pi} \int\limits_{-\pi/\Delta\omega}^{+\pi/\Delta\omega} f(t) e^{-j\nu\Delta\omega t} dt \tag{14.15}$$

$$f(t) = \frac{1}{2\pi} \sum_{\nu=-\infty}^{+\infty} \frac{c_\nu 2\pi}{\Delta\omega} e^{j\nu\Delta\omega t} \cdot \Delta\omega . \tag{14.16}$$

Beim Grenzübergang $\Delta\omega \to 0$ kann $\nu\Delta\omega$ jeden Wert ω annehmen, wenn man nur ν genügend groß wählt. Für alle ω, für die das Integral (14.15) endlich bleibt, streben mit $\Delta\omega$ gegen null auch die c_ν gegen null, aber der Quotient $2\pi c_\nu / \Delta\omega$, die Spektraldichte, bleibt endlich. Man bezeichnet diesen Quotienten

$$F(j\omega) = \lim_{\Delta\omega \to 0} \frac{2\pi c_\nu}{\Delta\omega} \tag{14.17}$$

als die Fourier-Transfomierte von $f(t)$:

$$F(\mathrm{j}\omega) = \int_{-\infty}^{+\infty} f(t) \mathrm{e}^{-\mathrm{j}\omega t} \mathrm{d}t \,. \tag{14.18}$$

Mit den gleichen Bezeichnungen wie oben geht beim Grenzübergang $\Delta\omega$ gegen null die Reihe (14.16) in das Integral

$$f(t) = \frac{1}{2\pi} \int_{-\infty}^{+\infty} F(\mathrm{j}\omega) \mathrm{e}^{\mathrm{j}\omega t} \mathrm{d}\omega \tag{14.19}$$

über, das man als Umkehrintegral der Fourier-Transformation bezeichnet. Wie man aus der Beziehung (14.18) abliest, ist die Fourier-Transformierte eine im allgemeinen komplexwertige Funktion von $\mathrm{j}\omega$, die bei reellen Zeitfunktionen für entgegengesetzt gleiche ω konjugiert komplexe Werte annimmt. Zu einer geraden bzw. ungeraden Zeitfunktion $f(t)$ gehört eine ebenfalls gerade bzw. ungerade Frequenzfunktion $F(\mathrm{j}\omega)$, die für alle ω reelle bzw. imaginäre Werte annimmt.

Wir haben uns bis jetzt nicht darum gekümmert, unter welchen Voraussetzungen die Grenzübergänge in den Gleichungen (14.15) und (14.16) zulässig sind. Für die Anwendung ist es aber wichtig zu wissen, welche Zeitfunktionen eine Fourier-Darstellung nach Gleichung (14.18) und (14.19) gestatten. Man kann zeigen, daß die folgenden zwei Voraussetzungen hierfür hinreichend sind, (siehe z.B. G. Doetsch: Einführung in Theorie und Anwendung der Laplace-Transformation, Birkhäuser Verlag Basel, 1970).

a) Die Zeitfunktion $f(t)$ muß absolut integrabel sein

$$\int_{-\infty}^{+\infty} |f(t)| \,\mathrm{d}t < \infty \,. \tag{14.20}$$

D.h. insbesondere, daß $|f(t)|$ für große $|t|$ genügend schnell gegen null streben muß. Alle Zeitfunktionen mit beschränkten Werten und endlicher Dauer erfüllen diese Voraussetzung.

b) Die Zeitfunktion $f(t)$ muß von beschränkter Variation sein, d.h. in jedem endlichen Intervall darf nur eine endliche Anzahl von Extremalstellen vorhanden sein. Das ist eine Bedingung, die in der Elektrotechnik vorkommende Zeitfunktionen immer erfüllen; sie wäre z.B. nicht erfüllt für $f(t) = \sin(t_0/t)$ in der Umgebung von $t=0$.

Die erste Bedingung gewährleistet, daß $F(\mathrm{j}\omega)$ für alle ω endlich bleibt und außerdem eine stetige Funktion von ω darstellt.

Weiterhin gilt

$$\lim_{|\omega|\to\infty} F(\mathrm{j}\omega) = 0 . \qquad (14.21)$$

Diese Eigenschaft ist notwendig für die Konvergenz des Umkehrintegrals (14.19).

Es sei betont, daß die Stetigkeit von $f(t)$ nicht vorausgesetzt wird; $f(t)$ darf endliche Sprünge aufweisen. An einer solchen Sprungstelle ergibt das Umkehrintegral analog der Fourier-Reihe den Wert

$$\frac{1}{2}\left(f(t+) + f(t-)\right) .$$

Von dieser Unbestimmtheit abgesehen, insbesondere also für alle stetigen $f(t)$, ist die Fourier-Transformation umkehrbar eindeutig. Man kennzeichnet Zeitfunktion und zugehörige Fourier-Transformierte mit dem gleichen Formelzeichen, und zwar die Zielfunktion mit einem Kleinbuchstaben, die zugehörige Fourier-Transformierte als Frequenzfunktion mit dem entsprechenden Großbuchstaben, z.B. $u(t)$ und $U(\mathrm{j}\omega)$. Die zusammengehörenden Funktionen haben nicht die gleiche physikalische Dimension, da ja bei der Transformation (14.18) bzw. (14.19) jeweils mit $\mathrm{d}t$ bzw. $\mathrm{d}\omega$ multipliziert wird. Das geht auch aus Gleichung (14.17) hervor, in der die Fourier-Transformierte $F(\mathrm{j}\omega)$ als Amplitudendichte definiert wird.

Bevor wir auf die Anwendung eingehen, wollen wir zwei einfache Beispiele behandeln.

a) $f(t)$ sei eine für positive und negative t abklingende Exponentialfunktion

$$f(t) = f_0\,\mathrm{e}^{-\alpha|t|} \qquad \alpha > 0 .$$

Da $f(t)$ für positive und negative t durch verschiedene analytische Funktionen dargestellt wird, teilen wir in

$$F(\mathrm{j}\omega) = f_0 \int_{-\infty}^{+\infty} \mathrm{e}^{-\alpha|t|}\,\mathrm{e}^{-\mathrm{j}\omega t}\,\mathrm{d}t$$

das Integrationsintervall in zwei Teile und schreiben

$$F(\mathrm{j}\omega) = f_0 \int_{-\infty}^{0} \mathrm{e}^{(\alpha-\mathrm{j}\omega)t}\mathrm{d}t + f_0 \int_{0}^{\infty} \mathrm{e}^{-(\alpha+\mathrm{j}\omega)t}\mathrm{d}t \,.$$

Die Integration ergibt

$$F(\mathrm{j}\omega) = f_0 \left(\frac{1}{\alpha-\mathrm{j}\omega} - \frac{1}{-\alpha-\mathrm{j}\omega} \right)$$

$$F(\mathrm{j}\omega) = f_0 \, \frac{2\alpha}{\alpha^2+\omega^2} \,. \tag{14.22}$$

Die Abb. 14.5 zeigt $f(t)$ und die zugehörige Fourier-Transformierte.

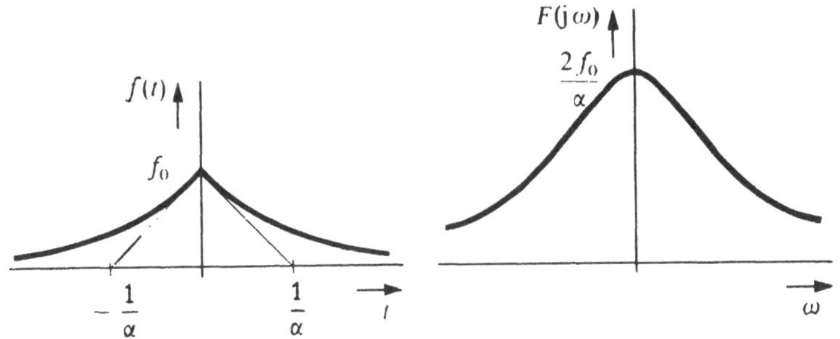

Abb. 14.5 Beidseitig abklingende Exponentialfunktion und ihre Fouriertransformierte

b) $f(t)$ sei ein einmaliger Rechteckimpuls der Dauer $2T$ nach Abb. 14.6.

$$f(t) = \begin{cases} u_0 & \text{für } |t| \leqslant t_0 \\ 0 & \text{für } |t| > t_0 \end{cases} \,.$$

Die Fourier-Transformierte wird

$$F(\mathrm{j}\omega) = u_0 \int_{-t_0}^{+t_0} \mathrm{e}^{-\mathrm{j}\omega t}\mathrm{d}t = \frac{u_0}{-\mathrm{j}\omega} (\mathrm{e}^{-\mathrm{j}\omega t_0} - \mathrm{e}^{+\mathrm{j}\omega t_0})$$

$$F(\mathrm{j}\omega) = 2u_0 t_0 \, \frac{\sin\omega t_0}{\omega t_0} \,. \tag{14.23}$$

Den Verlauf dieser Funktion zeigt Abb. 14.6.

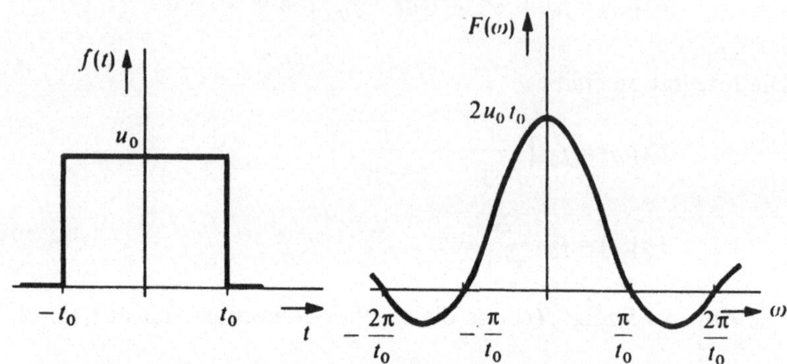

Abb. 14.6 Fouriertransformierte eines Rechteckimpulses

Die Fourier-Transformation ermöglicht es, im Rahmen der obengenannten Einschränkungen willkürlich vorgegebene Zeitfunktionen, z.B. solche, die für negative t identisch verschwinden, in ein Spektrum andauernder Sinusschwingungen zu zerlegen. Damit ist – zumindest prinzipiell – ein Weg gewiesen, in linearen Netzen, die mit aperiodischen Zeitfunktionen angeregt werden, die Ströme und Spannungen mit den Hilfsmitteln der Wechselstromrechnung zu bestimmen.

Will man z.B. die Ausgangsspannung $u_2(t)$ eines Vierpols berechnen, wenn der Vierpol mit der aperiodischen Eingangsspannung $u_1(t)$ gespeist wird, dann hat man die Fourier-Transformierte der speisenden Spannung

$$U_1(\mathrm{j}\omega) = \int_{-\infty}^{+\infty} u_1(t)\,\mathrm{e}^{-\mathrm{j}\omega t}\,\mathrm{d}t$$

zu bestimmen. Diese Funktion ist mit der Übertragungsfunktion des Netzes für sinusförmige Schwingungen

$$A(\mathrm{j}\omega) = \frac{U_2(\mathrm{j}\omega)}{U_1(\mathrm{j}\omega)}$$

zu multiplizieren und das Produkt der beiden Funktionen mit dem Umkehrintegral ist schließlich wieder in den Zeitbereich zu transformieren

$$u_2(t) = \frac{1}{2\pi} \int_{-\infty}^{+\infty} U_1(j\omega) A(j\omega) e^{j\omega t} d\omega .$$

Anders als bei der entsprechenden Formel (14.10) für die Fourier-Reihe ist allerdings die Auswertung des Integrals (14.19) mit seinem im allgemeinen komplexen Integranden mühsam. Diese Schwierigkeit wird auch dadurch nicht wesentlich verringert, daß der Integrand für negative und positive ω konjugiert komplexe Werte annimmt, so daß man sich auf die Auswertung des Realteils beschränken kann.

Eine wesentliche Vereinfachung bei der Anwendung der Spektralzerlegung von Zeitfunktionen auf die Analyse linearer Netzwerke tritt ein, wenn man die Transformation (14.18) auf sogenannte „komplexe Frequenzen"

$$p = \sigma + j\omega$$

verallgemeinert. Dadurch wird zugleich auch die Klasse der transformierbaren Zeitfunktionen vergrößert. Wir werden diese als Laplace-Transformation bezeichnete Verallgemeinerung im Kapitel 15.1 behandeln.

15. AUSGLEICHSVORGÄNGE IN LINEAREN NETZEN

Wir wollen nun die in der Elektrotechnik häufig vorkommende Aufgabe angreifen, den zeitlichen Verlauf der Ströme und Spannungen in einem linearen Netz zu ermitteln, wenn die Anregung einen beliebigen zeitlichen Verlauf aufweist, und speziell den Fall, daß zu einem bestimmten Zeitpunkt eine periodische oder konstante Anregung eingeschaltet wird. Dann läuft ein sogenannter Einschwingvorgang ab, der nach einiger Zeit in einen stationären (eingeschwungenen) Zustand übergeht, wenn die Anregung andauert. Allgemein stellt sich ein Übergangsvorgang ein, wenn das Netz von einem stationären Zustand in einen anderen übergeht, beispielsweise nach dem Zu- oder Abschalten von Schaltelementen. Die Differenz zwischen dem Übergangsvorgang und dem neuen stationären Zustand ist der Ausgleichsvorgang.

Zur Berechnung der Ströme und Spannungen für diesen Fall haben wir die für das Netz in dem jeweiligen Schaltzustand gültigen Gleichungen heranzuziehen. Lineare Netze aus konzentrierten Elementen, wie wir sie bisher behandelt haben, werden beschrieben durch lineare Differentialgleichungen mit konstanten Koeffizienten. Als Beispiel betrachten wir eine einfache RC-Schaltung nach Abb. 15.1, an die im Zeitnullpunkt ein Generator mit einer Spannung $u_1(t)$ beliebiger Zeitabhängigkeit angeschaltet wird.

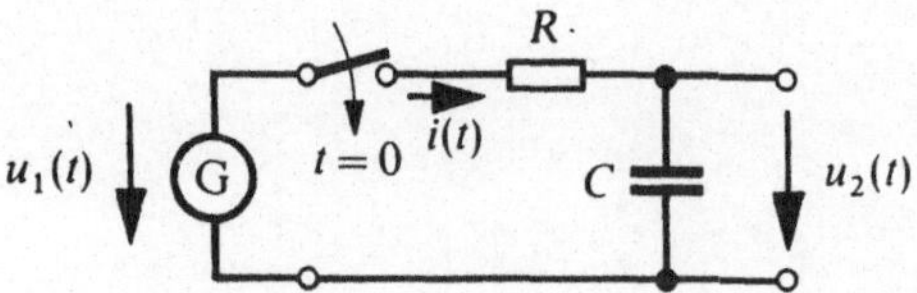

Abb. 15.1 Zum Einschwingvorgang an einer RC-Schaltung

Für die nach dem Einschalten gebildete einzige Masche des Netzes gilt

$$R\, i(t) + u_2(t) = u_1(t). \tag{15.1}$$

Einsetzen der Beziehung zwischen Strom und Spannung am Kondensator

$$i = C\,\frac{\mathrm{d}u_2}{\mathrm{d}t}$$

ergibt für die Spannung $u_2(t)$ am Kondensator für $t > 0$ die Differentialgleichung

$$RC\,\frac{\mathrm{d}u_2(t)}{\mathrm{d}t} + u_2(t) = u_1(t). \tag{15.2}$$

Um die allgemeine Lösung dieser Gleichung zu finden, bestimmt man üblicherweise durch einen geeigneten Ansatz zunächst eine partikuläre Lösung der inhomogenen Gleichung (15.2) und addiert hierzu die Lösung der homogenen Gleichung

$$RC\,\frac{\mathrm{d}u_2(t)}{\mathrm{d}t} + u_2(t) = 0.$$

Diese Lösung enthält eine frei wählbare Konstante, mit der man eine vorgegebene Anfangsbedingung $u_2(0)$ für die Unbekannte erfüllen kann. (Siehe hierzu z.B. D. Laugwitz: Ingenieurmathematik III, BI-Hochschultaschenbuch 61).

Entsprechend hat man bei der Analyse komplizierterer Netze vorzugehen. Aus den Kirchhoffschen Gleichungen und den Beziehungen

$$u_\nu = L_\nu\,\frac{\mathrm{d}i_\nu}{\mathrm{d}t}\,, \quad i_\mu = C_\mu\,\frac{\mathrm{d}u_\mu}{\mathrm{d}t}\,, \quad u_\rho = R_\rho i_\rho$$

entsteht ein System von linearen Differentialgleichungen, dessen Lösung sich aus einer partikulären Lösung des inhomogenen Systems und der allgemeinen Lösung des homogenen Systems zusammensetzt. Wenn im Netz n unabhängige Energiespeicher (Spulen und Kondensatoren) vorhanden sind, enthält die Lösung n frei wählbare Konstanten, mit denen n Anfangsbedingungen erfüllt werden können. Um die Konstanten an die vorgegebenen Anfangsbedingungen anzupassen, muß im allgemeinen ein System von n linearen Gleichungen aufgelöst werden.

Wir werden bei der Berechnung der Einschwingvorgänge in linearen Netzen die Differentialgleichungen nicht nach der eben angedeuteten direkten Methode auflösen, sondern mit Hilfe der Laplace-Transformation den Umweg über eine Spektralzerlegung der Zeitfunktionen einschlagen. Dadurch erhalten wir einen formal übersichtlicheren Rechengang, der weitgehend die uns bekannten Verfahren der Wechselstromrechnung benutzt und der auch das Auflösen eines linearen Gleichungssystems zur Bestimmung der Konstanten aus den Anfangsbedingungen erspart.

15.1 Die einseitige Laplace-Transformation

Bei der Verallgemeinerung der Fourier-Transformation, die wir für die Berechnung von Einschwingvorgängen in linearen Netzen benutzen wollen, beschränken wir uns auf Zeitfunktionen, die für $t < 0$ identisch verschwinden. Bei der Fourier-Transformation (14.18) ist dann nur über positive t zu integrieren:

$$F(\mathrm{j}\omega) = \int_0^\infty f(t) \mathrm{e}^{-\mathrm{j}\omega t} \,\mathrm{d}t. \tag{15.3}$$

Wenn man die imaginäre Größe jω durch die komplexe Größe

$$p = \sigma + \mathrm{j}\omega \tag{15.4}$$

ersetzt, nimmt die Transformation (15.3) die Form

$$F(\sigma + \mathrm{j}\omega) = \int_0^\infty f(t) \mathrm{e}^{-\sigma t} \;\mathrm{e}^{-\mathrm{j}\omega t} \,\mathrm{d}t \tag{15.5}$$

an. Durch diese Verallgemeinerung geht die Bedingung (14.20) über in

$$\int_0^\infty |f(t)| \,\mathrm{e}^{-\sigma t} \,\mathrm{d}t < \infty. \tag{15.6}$$

Dadurch wird die Klasse der transformierbaren Funktionen erweitert, wenn man σ genügend groß wählt. Zum Beispiel existiert das Integral (15.5) mit $\sigma > 0$ für eine Zeitfunktion

$$f(t) = \begin{cases} 1 & t \geqslant 0 \\ 0 & t < 0 \end{cases}$$

und sogar für

$$f(t) = \begin{cases} e^{\alpha t} & t \geqslant 0 \\ 0 & t < 0 \end{cases},$$

sofern $\sigma > \alpha$ ist.

Diese auf komplexe Frequenzen $p = \sigma + j\omega$ verallgemeinerte Transformation

$$F(p) = \int_0^\infty f(t)\, e^{-pt}\, dt \tag{15.7}$$

wird als Laplace-Transformation bezeichnet, genauer als einseitige Laplace-Transformation.

Die Konvergenz des Integrals (15.7), d.h. die Existenz eines Grenzwertes, wenn man eine zunächst als endlich angenommene obere Grenze gegen unendlich streben läßt, hängt nur vom Realteil σ der komplexen Größe p ab, wie man aus Gleichung (15.6) erkennt. Das Integral (15.7) konvergiert also in einer Halbebene, und zwar absolut und gleichmäßig für alle p mit $\sigma > \sigma_0$, wobei die Konvergenzabszisse σ_0 von $f(t)$ abhängt. Es stellt dort eine holomorphe Funktion $F(p)$ dar, was man durch Anschreiben der Cauchy-Riemannschen Differentialgleichungen nachprüfen kann.

Setzt man die Gleichung (15.5) in die Umkehrformel der Fourier-Transformation (14.19) ein, so ergibt sich für $t > 0$

$$f(t)\, e^{-\sigma t} = \frac{1}{2\pi} \int_{-\infty}^{+\infty} F(\sigma + j\omega)\, e^{j\omega t}\, d\omega$$

oder

$$f(t) = \frac{1}{2\pi j} \int_{\omega=-\infty}^{+\infty} F(\sigma + j\omega)\, e^{(\sigma + j\omega)t}\, dj\omega.$$

Führt man auch hier wieder die komplexe Frequenz $p = \sigma + j\omega$ ein, so erhält das Umkehrintegral die Form

$$f(t) = \frac{1}{2\pi j} \int_{p=\sigma - j\infty}^{\sigma + j\infty} F(p)\, e^{pt}\, dp\,. \tag{15.8}$$

Eine notwendige Bedingung für die Existenz des Integrals (15.8) ist, daß $F(p)$ an den Enden des Integrationsweges, d.h. für $\omega \to \infty$, gegen null strebt.

Der Integrationsweg ist in der komplexen p-Ebene eine Parallele zur imaginären Achse mit beliebigen $\sigma > \sigma_0$, er liegt also in einem Gebiet, wo $F(p)$ eine holomorphe Funktion ist. Da das Integral einer holomorphen Funktion nur von den Endpunkten des Integrationsweges, nicht aber vom Weg selbst abhängt, kann der Weg bei Bedarf verformt werden, wenn dadurch die Auswertung des Integrals erleichtert wird.

Für die durch die Laplace-Transformation vermittelte Zuordnung einer Funktion $F(p)$ im Frequenzbereich – manchmal auch Unterbereich genannt – zu einer Funktion $f(t)$ im Zeitbereich (Oberbereich) schreibt man oft abkürzend

$$F(p) = \mathcal{L}\{f(t)\}$$

und entsprechend für die Umkehrung

$$f(t) = \mathcal{L}^{-1}\{F(p)\}\,.$$

Gelegentlich drückt man die Zuordnung einfach durch das Zeichen

$$f(t) \circ\!\!-\!\!\bullet\, F(p)$$

aus. Wie bei der Fourier-Transformation ist die Zuordnung zwischen $f(t)$ und $F(p)$ für alle im Bereich $t > 0$ stetigen Funktionen umkehrbar eindeutig, so daß das Zeichen $\circ\!\!-\!\!\bullet$ in beiden Richtungen gelesen werden kann.

Nach der formalen Einführung komplexer Frequenzen p haben wir nun zu untersuchen, welche Form Schwingungen mit solchen Frequenzen haben. Wir schreiben sie hierzu in der Gestalt

$$f(t) = \frac{1}{2} A\, e^{(\sigma + j\omega)t} + \frac{1}{2} A^*\, e^{(\sigma - j\omega)t}\,, \tag{15.9}$$

weil Schwingungen mit komplexen Frequenzen immer in konjugiert komplexen Paaren auftreten müssen, wenn eine reelle Zeitfunktion entstehen soll. Mit

$$A = |A|\,e^{j\varphi} \quad \text{und} \quad A^* = |A|\,e^{-j\varphi}$$

läßt sich $f(t)$ in die Form

$$f(t) = |A|\,e^{\sigma t}\cos(\omega t + \varphi) \tag{15.10}$$

bringen, das ist je nach dem Vorzeichen von σ eine exponentiell an- oder abklingende Schwingung, wie sie z.B. als Eigenschwingung eines Schwingkreises auftritt (siehe Abschnitt 15.3.1).

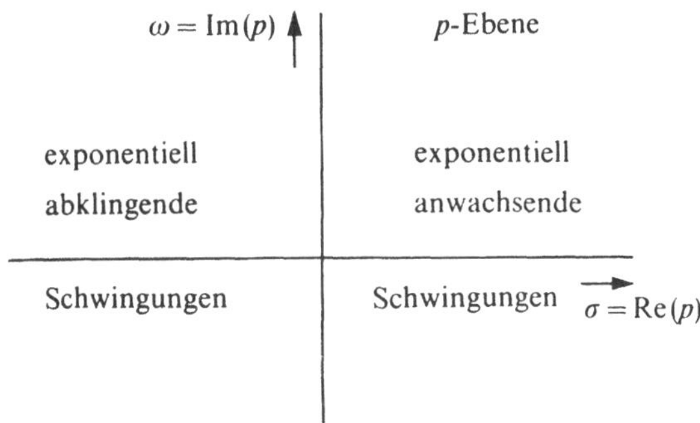

Abb. 15.2 Ebene der komplexen Frequenzen $p = \sigma + j\omega$

In der Ebene der komplexen Frequenzen p, die in Abb. 15.2 dargestellt ist, gehören also die komplexen Größen p in der rechten Halbebene zu exponentiell anklingenden, die in der linken Halbebene zu exponentiell abklingenden Schwingungen, wobei der Realteil σ die Anklingkonstante, der Imaginärteil ω die Kreisfrequenz bestimmt. Man bezeichnet deshalb die komplexe Größe p auch als komplexe Anklingkonstante. Die imaginäre Achse ($\sigma = 0$) repräsentiert Schwingungen mit konstanter Amplitude, die reelle Achse ($\omega = 0$) die Exponentialfunktionen mit reellen Exponenten.

15.1.1 Die Transformationen einfacher Zeitfunktionen

Wir berechnen nun die einseitige Laplace-Transformierte für einige häufig vorkommende Zeitfunktionen und gewinnen damit zugleich eine Tabelle mit Paaren einander zugeordneter Funktionen im Zeit- und Frequenzbereich, die wir wegen der eindeutigen Umkehrbarkeit der Transformation in beiden Richtungen benutzen können.

a) Sprungfunktion

$$f(t) = \begin{cases} 1 & \text{für} \quad t \geqslant 0 \\ 0 & \text{für} \quad t < 0 \end{cases} .$$

Eine solche Funktion repräsentiert z.B. eine im Zeitnullpunkt eingeschaltete Gleichspannungsquelle. Durch Einsetzen in die Transformationsformel (15.7) erhält man

$$F(p) = \int_0^\infty e^{-pt}\, dt = \frac{1}{-p}\, e^{-pt} \Big|_0^\infty .$$

Das Integral konvergiert nur für Werte von p mit positivem Realteil ($\sigma > 0$) und ergibt

$$F(p) = \frac{1}{p} . \tag{15.11}$$

b) Rampenfunktion

$$f(t) = \begin{cases} t & \text{für} \quad t \geqslant 0 \\ 0 & \text{für} \quad t < 0 \end{cases} .$$

Zur Auswertung des Laplace-Integrals muß man einmal partiell integrieren

$$F(p) = \int_0^\infty t e^{-pt}\, dt = \frac{-t}{p}\, e^{-pt} \Big|_0^\infty + \frac{1}{p} \int_0^\infty e^{-pt}\, dt . \tag{15.12}$$

Auch dieses Integral konvergiert nur für p mit $\sigma > 0$. Dann verschwindet der ausintegrierte Teil an beiden Grenzen, und der letzte Summand ergibt

$$F(p) = \frac{1}{p^2} \; .$$

c) Parabel n-ten Grades

$$f(t) = \begin{cases} \dfrac{1}{n!}\, t^n & \text{für} \quad t \geqslant 0 \\ 0 & \text{für} \quad t < 0 \\ n = 1, 2, 3, \ldots & \end{cases}$$

Durch n-malige partielle Integration analog zur Beziehung (15.12) findet man hier

$$F(p) = \frac{1}{p^{n+1}} \; .$$

In allen drei Fällen konvergiert das Integral (15.7) nur für Werte p mit $\sigma > 0$. Die erhaltenen analytischen Funktionen $F(p)$ sind aber holomorph in der ganzen p-Ebene mit Ausnahme des Punktes $p = 0$, setzen also die durch das Integral (15.7) dargestellten Funktionen analytisch fort.

d) Exponentialfunktion

$$f(t) = \begin{cases} e^{p_0 t} & \text{für} \quad t \geqslant 0 \\ 0 & \text{für} \quad t < 0 \end{cases} \; .$$

Hier wird

$$F(p) = \int_0^\infty e^{(p_0 - p)t}\, dt = \frac{1}{p_0 - p}\, e^{(p_0 - p)t} \Big|_0^\infty \; .$$

Das Integral konvergiert nur für solche p, deren Realteil größer ist als der von

$$p_0 = \sigma_0 + j\omega_0 \; .$$

Dann gilt

$$F(p) = \frac{1}{p - p_0} \qquad \text{für } \sigma > \sigma_0 .$$

e) Hyperbelfunktionen und trigonometrische Funktionen

Aus den Definitionsgleichungen der Hyperbelfunktionen

$$\cosh(p_0 t) = \frac{1}{2}(e^{p_0 t} + e^{-p_0 t})$$

$$\sinh(p_0 t) = \frac{1}{2}(e^{p_0 t} - e^{-p_0 t})$$

ergibt sich, da die Laplace-Transformation eine lineare Transformation ist, durch Addition und Subtraktion

$$\mathcal{L}\{\cosh(p_0 t)\} = \frac{1}{2}\left(\frac{1}{p-p_0} + \frac{1}{p+p_0}\right) = \frac{p}{p^2-p_0^2}$$

und

$$\mathcal{L}\{\sinh(p_0 t)\} = \frac{1}{2}\left(\frac{1}{p-p_0} - \frac{1}{p+p_0}\right) = \frac{p_0}{p^2-p_0^2} \quad ,$$

und daraus speziell für $p_0 = \mathrm{j}\omega_0$ mit

$$\cosh \mathrm{j}\omega_0 t = \cos\omega_0 t \qquad \sinh \mathrm{j}\omega_0 t = \mathrm{j} \sin \omega_0 t$$

die Zuordnung

$$\mathcal{L}\{\cos \omega_0 t\} = \frac{p}{p^2+\omega_0^2}$$

$$\mathcal{L}\{\sin \omega_0 t\} = \frac{\omega_0}{p^2+\omega_0^2} \quad .$$

Auch diese Funktionen sind in der gesamten p-Ebene holomorph mit Ausnahme der Punkte $\pm p_0$ bzw. $\pm \mathrm{j}\omega_0$, setzen also die durch das Integral (15.7) dargestellte Laplace-Transformierte über die Konvergenzabszisse hinaus analytisch fort.

In einer Tabelle stellen wir nochmals die soeben erhaltenen Zuordnungen zwischen $f(t)$ und $F(p)$ zusammen:

$$1 \quad \circ\!\!-\!\!\!-\!\!\!-\!\!\bullet \quad \frac{1}{p} \tag{15.13}$$

$$\frac{1}{n!}t^n \quad \circ\!\!-\!\!\!-\!\!\!-\!\!\bullet \quad \frac{1}{p^{n+1}} \tag{15.14}$$

$$e^{\alpha t} \quad \circ\!\!-\!\!\!-\!\!\!-\!\!\bullet \quad \frac{1}{p-\alpha} \tag{15.15}$$

$$\cosh \alpha t \quad \circ\!\!-\!\!\!-\!\!\!-\!\!\bullet \quad \frac{p}{p^2-\alpha^2} \tag{15.16}$$

$$\sinh \alpha t \quad \circ\!\!-\!\!\!-\!\!\!-\!\!\bullet \quad \frac{\alpha}{p^2-\alpha^2} \tag{15.17}$$

$$\cos \omega_0 t \quad \circ\!\!-\!\!\!-\!\!\!-\!\!\bullet \quad \frac{p}{p^2+\omega_0^2} \tag{15.18}$$

$$\sin \omega_0 t \quad \circ\!\!-\!\!\!-\!\!\!-\!\!\bullet \quad \frac{\omega_0}{p^2+\omega_0^2} \tag{15.19}$$

Alle $F(p)$ dieser Tabelle sind rationale Funktionen, die, wie es sein muß, für $p \to \infty$ verschwinden. Die Tabelle zeigt weiter, daß $F(p)$ für große $|p|$ mit $1/p^{n+1}$ gegen null strebt, wenn $f(t)$ und alle Ableitungen bis zur $(n-1)$-ten im Nullpunkt stetig sind.

f) δ-Impuls

Bei Einschaltaufgaben treten oft Größen auf, die im Zeitnullpunkt einen Sprung aufweisen. Wenn diese Größen differenziert werden sollen, braucht man eine mathematische Darstellung für die Ableitung eines Sprunges, da ja der Differentialquotient im herkömmlichen Sinne hier nicht existiert. Um zu verstehen, wie man zu einer solchen Darstellung gelangt, betrachten wir die Ableitung einer Funktion nach Abb. (15.3), die in der Zeit T geradlinig von null auf den Wert eins ansteigt und für alle anderen t konstant ist.

Die Ableitung $\delta_T(t)$ dieser Funktion ist ein Rechteckimpuls der Dauer T und der Amplitude $1/T$, wie er ebenfalls in Abb. 15.3 dargestellt ist. Läßt man die Anstiegszeit immer kürzer werden, so vergrößert sich die Impulsamplitude im umgekehrten Verhältnis. Das Integral

$$\int_{-\infty}^{+\infty} \delta_T(t)\, \mathrm{d}t = 1 \tag{15.20}$$

bleibt dabei konstant. Im Grenzfall $T \to 0$ erhält man im Zeitnullpunkt einen Impuls, der als Diracscher Deltaimpuls $\delta(t)$ bezeichnet wird.

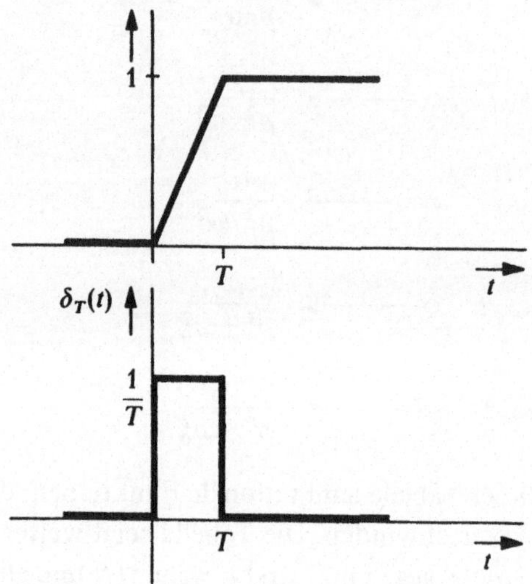

Abb. 15.3 Zur Herleitung des Diracimpulses $\delta(t)$

$\delta(t)$ stellt keine Funktion im üblichen Sinne dar, weil im Zeitnullpunkt ein Funktionswert nicht definiert werden kann. In der Mathematik wird ein solcher Grenzwert einer Funktionenfolge als Distribution bezeichnet und über ein Funktional definiert. Es wird gezeigt, daß bei solchen Distributionen die meisten Rechenregeln für Funktionen anwendbar sind. Eine wichtige Beziehung, die eine besondere Eigenschaft des δ-Impulses zeigt, ist das Integral mit einer stetigen Funktion $f(t)$. Hier gilt

$$\int_{-\infty}^{+\infty} f(\tau)\,\delta(t-\tau)\,\mathrm{d}\tau = f(t)\,. \tag{15.21}$$

Aus dem Integral hebt $\delta(t-\tau)$ den Wert des Integranden an der Stelle t heraus.

Um die Laplace-Transformierte der Distribution $\delta(t)$ berechnen und anwenden zu können, hat man die Definition der Laplace-Transformation zu erweitern; denn $\delta(t)$ erfüllt keine der im Abschnitt 15.1 genannten Bedingungen. Wir wollen diese Überlegungen hier nicht wiedergeben, weil wir das sehr einfache Ergebnis durch einen Grenzübergang plausibel machen können. Die Ableitung des endlichen Anstiegs nach Abb. 15.3 liefert

$$\delta_T(t) = \begin{cases} 1/T & \text{für } 0 < t < T \\ 0 & \text{für alle anderen } t \end{cases} .$$

Die Laplace-Transformierte dieser Funktion wird

$$\Delta_T(p) = \frac{1}{T} \int_0^T e^{-pt}\, dt = \frac{1-e^{-pT}}{pT} .$$

Daraus ergibt sich durch Grenzübergang $T \to 0$ für die Laplace-Transformierte des Delta-Impulses

$$\Delta(p) = \lim_{T \to 0} \frac{1-e^{-pT}}{pT} = 1 .$$

Für eine exakte Begründung dieses Ergebnisses sei auf G. Doetsch: Einführung in die Theorie und Anwendung der Laplace-Transformation, 2. Aufl. 1970 verwiesen. Wir ergänzen also die Tabelle durch die Zuordnung

$$\delta(t) \circ\!\!-\!\!\!-\!\!\!-\!\!\bullet\; 1 \qquad (15.22)$$

15.1.2 Die Transformation elementarer Operationen

Wir untersuchen nun, wie sich einige elementare Operationen an der Funktion $f(t)$, insbesondere Differentiation und Integration, bei der Laplace-Transformation auf $F(p)$ auswirken. Das ist notwendig, weil wir die Laplace-Transformation zur Lösung von Differentialgleichungen verwenden wollen.

a) Verschiebung im Oberbereich

Es sei

$$f_1(t) = \begin{cases} f(t-t_0) & \text{für} \quad t \geqslant t_0 \\ 0 & \text{für} \quad t < t_0 \end{cases} .$$

$f_1(t)$ geht also aus $f(t)$ durch Verschiebung um eine positive Zeit t_0 hervor, wie es in Abb. 15.4 dargestellt ist. Dann gilt

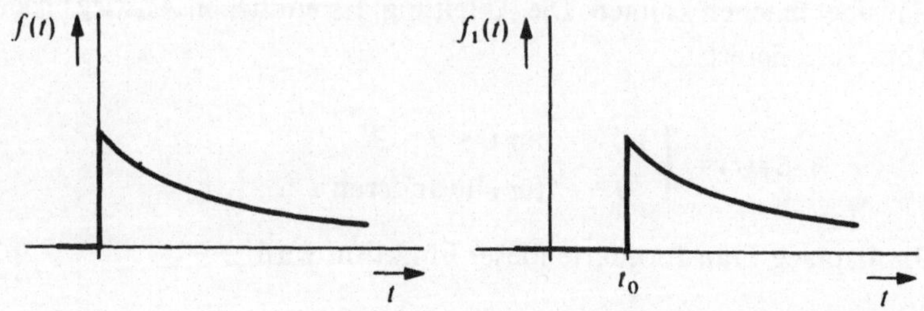

Abb. 15.4 Verschiebung einer Zeitfunktion

$$F_1(p) = \int_{t_0}^{\infty} f(t-t_0)\mathrm{e}^{-pt}\,\mathrm{d}t\,.$$

Durch Einführen einer neuen Variablen

$$\tau = t - t_0$$

wird

$$\mathrm{e}^{-pt} = \mathrm{e}^{-pt_0} \cdot \mathrm{e}^{-p\tau}$$

und es ergibt sich

$$F_1(p) = \mathrm{e}^{-pt_0} \int_0^{\infty} f(\tau)\mathrm{e}^{-p\tau}\,\mathrm{d}\tau = \mathrm{e}^{-pt_0}\,F(p)\,. \qquad (15.25)$$

b) Verschiebung im Unterbereich

Es sei

$$F_1(p) = F(p + p_0)\,.$$

Dann gilt

$$F_1(p) = \int_0^{\infty} f(t)\mathrm{e}^{-p_0 t}\,\mathrm{e}^{-pt}\,\mathrm{d}t\,.$$

Das heißt aber: zu $F(p + p_0)$ gehört die mit $\mathrm{e}^{-p_0 t}$ multiplizierte Zeitfunktion $f(t)$:

$$\mathrm{e}^{-p_0 t}\,f(t) \circ\!\!-\!\!-\!\!\bullet\, F(p + p_0)\,. \qquad (15.26)$$

Die Anwendung dieses Satzes auf die Beziehung (15.14) ergibt den Zusammenhang

$$\frac{t^n}{n!}\,e^{-p_0 t} \circ\!\!-\!\!\!-\!\!\bullet \frac{1}{(p+p_0)^{n+1}} \ . \tag{15.27}$$

Danach kann zu jeder rationalen Funktion von p die zugehörige Zeitfunktion unmittelbar angegeben werden, nachdem die Funktion in Partialbrüche zerlegt ist.

c) Produkt zweier Unterfunktionen und Faltung

Wir suchen die Zeitfunktion zum Produkt zweier Unterfunktionen

$$F_1(p) = \int_0^\infty f_1(\tau)\,e^{-p\tau}\,d\tau \tag{15.28}$$

$$F_2(p) = \int_0^\infty f_2(\vartheta)\,e^{-p\vartheta}\,d\vartheta \ . \tag{15.29}$$

Das Produkt $F_1(p) \cdot F_2(p)$ läßt sich bei gleichmäßiger Konvergenz der beiden Integrale als Doppelintegral schreiben

$$F_1(p) \cdot F_2(p) = \int_0^\infty \int_0^\infty f_1(\tau) f_2(\vartheta)\,e^{-p(\tau+\vartheta)}\,d\tau\,d\vartheta \ .$$

Führt man die Variable

$$t = \tau + \vartheta$$

ein, so wird $\vartheta = t - \tau$, $d\vartheta = dt$ und das Integral erhält die Form

$$F_1(p) \cdot F_2(p) = \int_{t=0}^\infty \left[\int_{\tau=0}^t f_1(\tau) f_2(t-\tau)\,d\tau\right] e^{-pt}\,dt. \tag{15.30}$$

Die obere Grenze des inneren Integrals muß dabei auf $\tau = t$ eingeschränkt werden, weil $f_2(t-\tau)$ wie alle hier betrachteten Zeitfunktionen für negatives Argument gleich null ist.

Das in der eckigen Klammer stehende Integral ist, wie ein Vergleich mit dem Laplace-Integral (15.7) zeigt, die zu $F_1(p) \cdot F_2(p)$ gehörende Zeitfunktion; die Integraloperation

$$\int_0^t f_1(\tau) f_2(t-\tau)\,d\tau$$

ist also das Abbild der Multiplikation $F_1(p) \cdot F_2(p)$. Man bezeichnet sie üblicherweise als Faltung und kürzt sie mit dem Symbol $*$ ab, um sie von der gewöhnlichen Multiplikation zu unterscheiden

$$f_1(t) * f_2(t) = \int_0^t f_1(\tau) f_2(t-\tau) \mathrm{d}\tau . \tag{15.31}$$

Es gilt also die Zuordnung

$$f_1(t) * f_2(t) \circ\!\!-\!\!\!-\!\!\!-\!\!\bullet\, F_1(p) \cdot F_2(p) . \tag{15.32}$$

Das Faltungsprodukt ist wie das gewöhnliche Produkt kommutativ, d.h. es gilt

$$f_1 * f_2 = f_2 * f_1 ,$$

wovon man sich durch eine Variablensubstitution in Gleichung (15.31) überzeugt.

Die Faltung spielt in der Netzwerkanalyse eine wichtige Rolle. Ihre Bedeutung liegt vor allem darin, daß man die Integration (15.31) auch ausführen kann, wenn $f_1(t)$ und $f_2(t)$ nicht durch analytische Ausdrücke gegeben sind. Beispielsweise ergibt sich als Faltungsprodukt der beiden Rechteckimpulse in Abb. 15.5 der ebenfalls in Abb. 15.5 dargestellte Polygonzug.

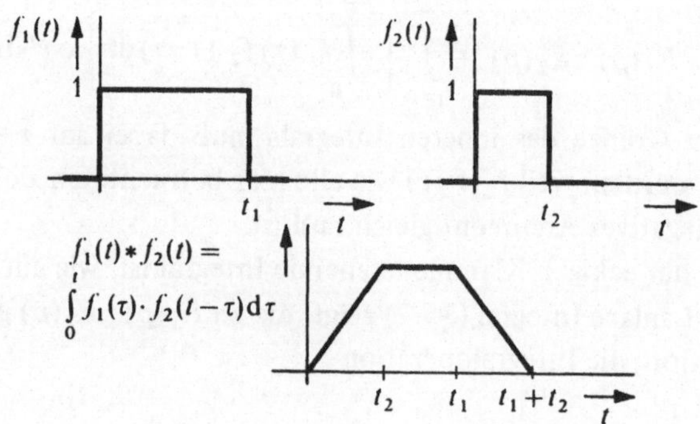

Abb. 15.5 Beispiel zur Faltung zweier Zeitfunktionen

d) Integration im Zeitbereich

Es sei

$$f_1(t) = \int_0^t f(\tau)\,\mathrm{d}\tau\,.$$

Setzt man $f_1(t)$ in die Transformationsformel (15.7) ein und integriert einmal partiell, so ergibt sich wegen

$$\frac{\mathrm{d}f_1(t)}{\mathrm{d}t} = f(t)$$

$$F_1(p) = \int_0^\infty f_1(t)\mathrm{e}^{-pt}\,\mathrm{d}t = \frac{1}{-p} f_1(t)\mathrm{e}^{-pt}\Big|_0^\infty + \frac{1}{p}\int_0^\infty f(t)\mathrm{e}^{-pt}\,\mathrm{d}t\,.$$

Der ausintegrierte Teil verschwindet an der unteren Grenze, weil bei allen zur Laplace-Transformation zugelassenen Funktionen

$$\lim_{t\to 0} f_1(t) = \lim_{t\to 0}\int_0^t f(\tau)\,\mathrm{d}\tau = 0$$

sein muß. Er verschwindet an der oberen Grenze, wenn

$$\sigma > \sigma_0 \quad \text{und} \quad \sigma > 0$$

ist, und dann gilt einfach

$$F_1(p) = \frac{1}{p} F(p)\,.$$

Die Integration, beginnend bei $t = 0$, geht also bei der Transformation in eine einfache Multiplikation mit $1/p$ über

$$\int_0^t f(\tau)\,\mathrm{d}\tau \quad \circ\!\!-\!\!\!-\!\!\!-\!\!\bullet \quad \frac{1}{p} F(p)\,. \tag{15.33}$$

e) Differentiation im Zeitbereich

Zur Bestimmung der Laplace-Transformierten der Ableitung einer Zeitfunktion

$$\frac{\mathrm{d}f(t)}{\mathrm{d}t} = f_1(t)$$

muß man zunächst voraussetzen, daß $f(t)$ für $t > 0$ differenzierbar ist und daß die zu $f_1(t)$ gehörende Laplace-Transformierte $F_1(p)$ existiert. Sind diese Bedingungen erfüllt, dann kann man in

$$F_1(p) = \int_0^\infty \frac{\mathrm{d}f(t)}{\mathrm{d}t} \mathrm{e}^{-pt} \, \mathrm{d}t \tag{15.34}$$

einmal partiell integrieren und erhält

$$F_1(p) = f(t)\,\mathrm{e}^{-pt} \Big|_0^\infty + p \int_0^\infty f(t)\,\mathrm{e}^{-pt} \, \mathrm{d}t \; .$$

Für alle Werte $\sigma > \sigma_0$, für die das Integral in dieser Gleichung konvergiert, verschwindet der ausintegrierte Teil an der oberen Grenze. An der unteren Grenze ergibt sich der Wert $f(0+)$. Er existiert immer als rechtsseitiger Grenzwert

$$f(0+) = \lim_{t \to 0} f(t), \tag{15.35}$$

weil die Existenz von $F_1(p)$ vorausgesetzt wurde. Es gilt also die Zuordnung

$$\frac{\mathrm{d}f(t)}{\mathrm{d}t} \circ\!\!-\!\!\!-\!\!\!-\!\!\bullet \; pF(p) - f(0+) \; . \tag{15.36}$$

Durch n-malige Anwendung dieser Formel ergibt sich, sofern alle Ableitungen von $f(t)$ bis zur n-ten und die zugehörigen Laplace-Transformierten existieren

$$\frac{\mathrm{d}^n f(t)}{\mathrm{d}t^n} \circ\!\!-\!\!\!-\!\!\!-\!\!\bullet \; p^n F(p) - p^{n-1} f(0+) - p^{n-2} f'(0+) - \\ \ldots - f^{(n-1)}(0+) \; . \tag{15.37}$$

Integration und Differentiation werden also durch die Laplace-Transformation in eine Multiplikation mit $1/p$ bzw. p zurückgeführt. Lineare Differentialgleichungen mit konstanten Koeffizienten, wie sie bei der Analyse linearer Netze auftreten, gehen in lineare algebraische Gleichungen über. Diese Tatsache und der Umstand, daß die Anfangsbedingungen für $t = 0$ explizit in die Gleichungen eintreten, machen die Laplace-Transformation zu einem Werkzeug, das die Berechnung von Einschwingvorgängen in linearen Netzen besonders einfach und übersichtlich gestaltet.

So erhalten wir aus der Differentialgleichung (15.2) der Spannung $u_2(t)$ am Kondensator eines RC-Gliedes

$$RC\frac{\mathrm{d}u_2(t)}{\mathrm{d}t} + u_2(t) = u_1(t)\,, \tag{15.2}$$

durch Anwendung der Laplace-Transformation mit der Abkürzung $\alpha = 1/RC$ für den Unterbereich die algebraische Gleichung

$$\frac{1}{\alpha}(p\,U_2(p) - u_2(0+)) + U_2(p) = U_1(p)\,.$$

Dabei ist

$$U_1(p) = \mathcal{L}\,\{u_1(\mathrm{t})\},\quad U_2(p) = \mathcal{L}\,\{u_2(t)\}\,.$$

Die Gleichung läßt sich sofort nach der Unbekannten $U_2(p)$ auflösen

$$U_2(p) = \frac{1}{p+\alpha}\left[\alpha U_1(p) + u_2(0+)\right]\,. \tag{15.38}$$

Rechts stehen die vorgegebenen Größen, nämlich $U_1(p)$, die Laplace-Transformierte der angelegten Spannung $u_1(t)$, und $u_2(0+)$, die Spannung am Kondensator zur Zeit $t = 0+$. Es bleibt die Rücktransformation dieser Gleichung in den Zeitbereich, womit wir uns im Abschnitt 15.3 beschäftigen werden.

15.2 Die Transformation der Grundgleichungen in den Unterbereich

Die im Abschnitt 15.1 abgeleiteten Grundformeln der Laplace-Transformation wenden wir nun an auf die Berechnung der Ströme und Spannungen in linearen Netzen, die mit Strömen und Spannungen beliebiger Zeitabhängigkeit gespeist werden. Wir nehmen an, daß das zu analysierende Netz – sei es durch Anlegen von Generatoren oder durch Schließen von Schaltern – zum Zeitpunkt $t = 0$ in den vorgegebenen Betriebszustand versetzt wird. Die vor diesem Zeitpunkt an den Kondensatoren liegenden Spannungen und die in den Spulen fließenden Ströme werden als Anfangsbedingungen berücksichtigt. Sie stellen die Verbindung zum Zustand des Netzes für $t < 0$ her.

Bei der Anwendung der Laplace-Transformation müssen wir annehmen, daß die Zeitfunktionen aller Ströme und Spannungen Laplacetransformierbar sind. Für die Berechnung der Ströme und Spannungen in einem aus Widerständen, Spulen und Kondensatoren aufgebauten Netz hätten wir nach dem in Abb. 15.6 dargestellten Schema vor-

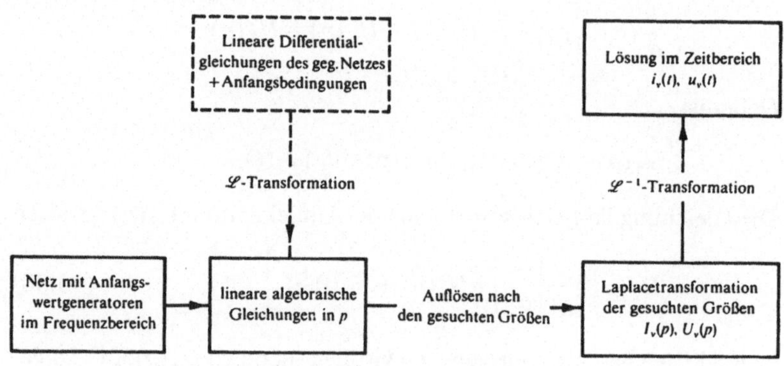

Abb. 15.6 Schema zur Berechnung von Ausgleichsvorgängen mit Hilfe der Laplace-Transformation

zugehen. Danach wird zunächst aus den für die Elemente des Netzes geltenden Gleichungen

$$u_R = Ri_R, \quad u_L = L\,\frac{\mathrm{d}i_L}{\mathrm{d}t}, \quad i_C = C\,\frac{\mathrm{d}u_C}{\mathrm{d}t} \tag{15.40}$$

und den Kirchhoffschen Gleichungen für alle Knoten und Maschen

$$\Sigma i_\nu = 0, \qquad \Sigma u_\nu = 0 \tag{15.41}$$

ein System von Differentialgleichungen für die Ströme und Spannungen des zu analysierenden Netzes gewonnen. Es ist ein System von linearen Differentialgleichungen mit konstanten Koeffizienten. Durch die Laplace-Transformation geht es in ein System von linearen Gleichungen über, das nach den interessierenden Größen, den Laplace-

Transformierten der gesuchten Ströme und Spannungen, aufgelöst werden kann. Diese für den Frequenzbereich (Unterbereich) gefundene Lösung muß dann noch in den Zeitbereich zurücktransformiert werden.

Wir werden das Verfahren noch weiter vereinfachen, indem wir vorab die Gleichungen (15.40) und (15.41) der Laplace-Transformation unterwerfen und dann die Gleichungen des speziellen zu analysierenden Netzes unmittelbar im Frequenzbereich nach den uns geläufigen Verfahren der Rechnung mit Wechselströmen aufstellen.

Wir transformieren zunächst die Kirchhoffschen Gleichungen

$$\Sigma u_\nu(t) = 0, \quad \Sigma i_\nu(t) = 0:$$

Die Spannungen $u_\nu(t)$ und die Ströme $i_\nu(t)$ gehen bei der Laplace-Transformation in $U_\nu(p)$ und $I_\nu(p)$ über. Da die Laplace-Transformation eine lineare Operation ist, bleiben die Kirchhoffschen Gleichungen bei der Transformation unverändert. Es gilt also auch im Frequenzbereich

$$\Sigma U_\nu(p) = 0, \quad \Sigma I_\nu(p) = 0. \tag{15.42}$$

Um später die Zweigspannungen und Ströme auch durch die transformierten Größen in einem Schaltbild kennzeichnen zu können, ordnen wir diesen jeweils den Zählpfeil der entsprechenden Spannung oder des Stromes zu.

Wir haben nun noch die Gleichungen für die Elemente des Netzes zu transformieren. Wenn überall das Verbraucher-Zählpfeilsystem zugrunde gelegt wird, gilt für den ohmschen Widerstand die Beziehung

$$u_R = Ri_R\,. \tag{15.43}$$

Die Gleichung für den Widerstand bleibt bei der Transformation unverändert

$$U_R(p) = R\,I_R(p). \tag{15.44}$$

Wir können den Widerstand im Zeit- und Frequenzbereich durch das gleiche Schaltsymbol entsprechend Abb. 15.7 kennzeichnen.

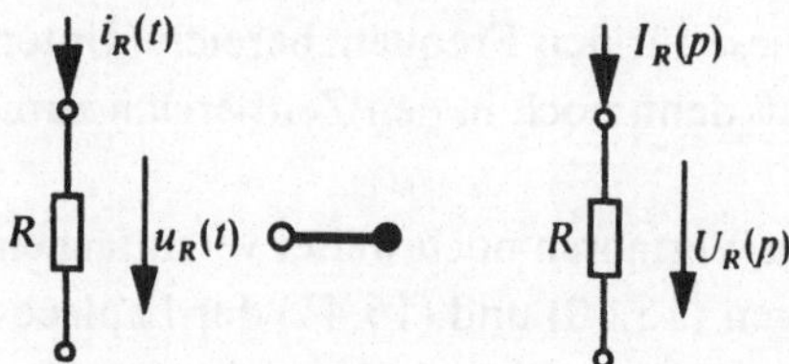

Abb. 15.7 Ohmscher Widerstand im Zeit- und Frequenzbereich

Am Kondensator gilt für die Beziehung zwischen Strom und Spannung

$$i_C = C\,\frac{\mathrm{d}u_C}{\mathrm{d}t}\,,$$

sofern u_C differenzierbar ist, also keine Sprünge aufweist. Es ist aber in der Netzwerktheorie üblich, idealisierte Spannungs- und Stromquellen anzunehmen.

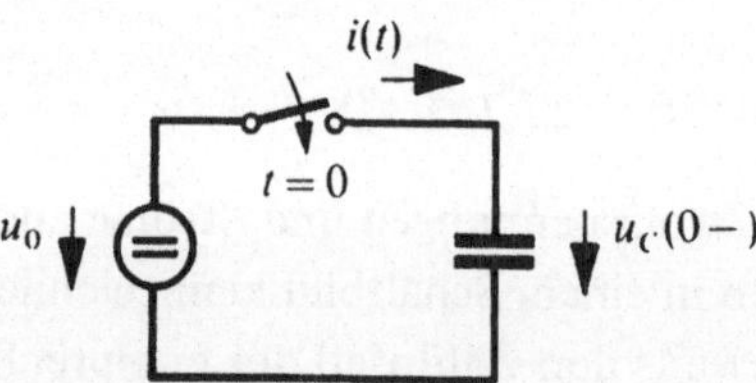

Abb. 15.8 Einschalten einer idealen Gleichspannungsquelle

Wird nun, wie in Abb. 15.8 dargestellt, ein zunächst auf eine beliebige Spannung $u_C(0-)$ aufgeladener Kondensator über einen Schalter mit einer solchen Spannungsquelle verbunden und der Schalter bei $t = 0$ geschlossen, dann ändert sich seine Spannung sprunghaft von $u_C(0-)$ auf $u_C(0+) = u_0$. Damit ändert sich auch die Ladung und es entsteht ein Stromimpuls, der durch

$$C(u_C(0+) - u_C(0-))\,\delta(t)$$

beschrieben wird. Mit dieser Ergänzung für einen möglicherweise bei $t = 0$ auftretenden Spannungssprung lautet die Beziehung zwischen Spannung und Strom am Kondensator

$$i_C = C\left[\frac{\mathrm{d}u_C}{\mathrm{d}t} + (u_C(0+) - u_C(0-))\,\delta(t)\right]. \tag{15.45}$$

Durch die Laplace-Transformation geht sie nach den Beziehungen (15.22) und (15.36) über in

$$I_C(p) = C\,[\,pU_C(p) - u_C(0+) + u_C(0+) - u_C(0-)]$$

$$I_C(p) = pC\left(U_C(p) - \frac{u_C(0-)}{p}\right). \tag{15.46}$$

Hier können wir pC als die der Wechselstromrechnung entsprechende Admittanz des Kondensators deuten und $u_C(0-)/p$ als die Laplace-Transformierte einer im Zeitnullpunkt eingeschalteten Gleichspannung. Die im Frequenzbereich gültige Gleichung (15.46) läßt sich durch das in Abb. 15.9 rechts dargestellte Schaltbild beschreiben.

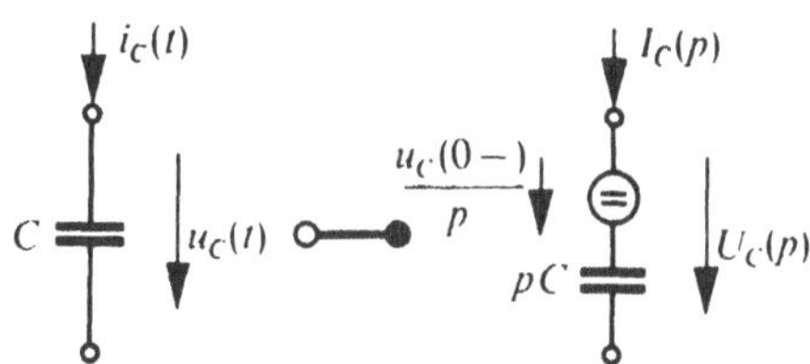

Abb. 15.9 Kondensator im Zeit- und Frequenzbereich

In Reihe zum Kondensator mit der Impedanz $1/pC$ liegt eine Spannungsquelle, die die Kondensatorspannung im Zeitnullpunkt repräsentiert, und zwar die Spannung, die vor einem eventuellen Sprung am Kondensator liegt. Die Summe $U_C(p)$ beider Spannungen ist die Laplace-Transformierte der Kondensatorspannung $u_C(t)$.

Entsprechendes gilt für die Beziehung zwischen Strom und Spannung an einer Spule. Die Differentialgleichung

$$u_L = L\,\frac{\mathrm{d}i_L}{\mathrm{d}t}$$

wird durch einen δ-Impuls der Spannung ergänzt, wenn sich für $t = 0$ der Strom und damit der magnetische Fluß sprunghaft von $i_L(0-)$ auf

$i_L(0+)$ ändert. Es gilt dann

$$u_L = L\left[\frac{\mathrm{d}i_L}{\mathrm{d}t} + (i_L(0+) - i_L(0-))\,\delta(t)\right]. \qquad (15.47)$$

Die Laplace-Transformation dieser Gleichung liefert mit den Beziehungen (15.22) und (15.36)

$$U_L(p) = L\,[pI_L(p) - i_L(0+) + i_L(0+) - i_L(0-)]$$

$$U_L(p) = pL(I_L(p) - \frac{i_L(0-)}{p}). \qquad (15.48)$$

Diese Beziehung wird durch die Ersatzschaltung Abb. 15.10 beschrieben.

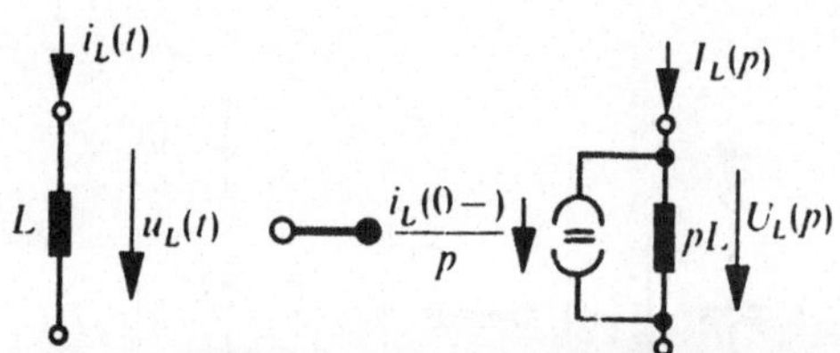

Abb. 15.10 Spule im Zeit- und Frequenzbereich

Der Spule mit der Impedanz pL ist eine Gleichstromquelle parallelgeschaltet, die den im Zeitnullpunkt durch die Spule fließenden Strom repräsentiert, und zwar den Strom vor einer eventuellen sprunghaften Änderung. Die Summe $I_L(p)$ der beiden Ströme ist die Laplace-Transformierte des Spulenstromes $i_L(t)$.

Die für den Frequenzbereich gültigen Ersatzschaltungen für Spulen und Kondensatoren reduzieren sich auf die aus der Wechselstromrechnung geläufige Form, wenn die Elemente vor dem Einschalten im Zeitnullpunkt energiefrei sind, d.h. in den Spulen kein Strom fließt und die Kondensatoren entladen sind.

Damit haben wir die Regeln beisammen, nach denen wir die Gleichungen für die Ströme und Spannungen in einem aus Widerständen,

Spulen und Kondensatoren aufgebauten Netz unmittelbar im Frequenzbereich aufstellen können. Alle für $t > 0$ wirkenden Größen werden durch ihre Laplace-Transformierten ersetzt. An den Elementen sind die transformierten Ströme und Spannungen durch die Impedanzen

$$R_\nu, \quad pL_\nu, \quad 1/pC_\nu$$

miteinander verknüpft. Die Anfangswerte der Spulenströme und Kondensatorspannungen vor dem Einschalten werden durch zusätzliche Generatoren mit den Strömen $i_L(0-)/p$ bzw. den Spannungen $u_C(0-)/p$ berücksichtigt.

Die Ströme und Spannungen im Frequenzbereich können mit den Methoden der Wechselstromrechnung und der Netzwerkanalyse, wie sie in den Kapiteln 10 und 4 behandelt sind, berechnet werden. Man hat nur $j\omega$ durch die komplexe Frequenz p zu ersetzen. Die transformierten Spannungen U_ν und Ströme I_ν entsprechen, wie erwähnt, den komplexen Amplituden der Wechselstromrechnung, ein Unterschied besteht nur darin, daß die Laplace-Transformierten die Dimension einer Amplituden**dichte** haben.

Zum Auffinden der Lösung im Frequenzbereich wählt man zweckmäßig aus den Zweigen des Netzes einen Baum aus, stellt das Gleichungssystem für die unabhängigen Ströme oder Spannungen auf und löst es nach den Unbekannten auf. Besonders einfach wird die Lösung für den häufig vorkommenden Fall, daß alle Spulen und Kondensatoren $t = 0$-energiefrei sind. Dann fallen die Anfangswert-Generatoren weg, und viele Ergebnisse können unmittelbar aus denen der Abschnitte 10 und 11 übernommen werden, z.B. die Ausgangsspannung eines Vierpols bei gegebener Eingangsspannung.

Nach dem Auffinden der Lösung für den Frequenzbereich verbleibt als einzige Aufgabe die Rücktransformation in den Zeitbereich. Ehe wir uns damit beschäftigen, wollen wir einige einfache Beispiele behandeln.

Beispiel 1: RC-Schaltung

Als erstes betrachten wir ein RC-Glied nach Abb. 15.11. Wir wollen die Spannung $u_2(t)$ bei gegebener Spannung $u_1(t)$ und gegebenem Anfangswert der Kondensatorspannung $u_2(0-)$ bestimmen.

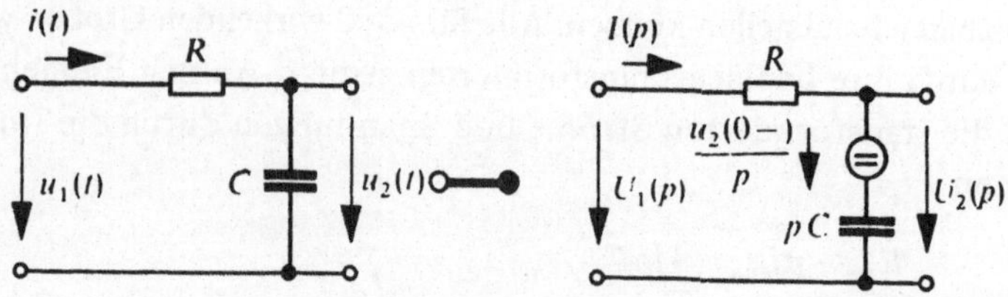

Abb. 15.11 RC-Schaltung im Zeit- und Frequenzbereich

Dazu schreiben wir die Gleichungen für die Unbekannte $u_2(t)$ sofort im Frequenzbereich an, für den das Schaltbild in Abb. 15.11 rechts gilt. Es unterscheidet sich vom Schaltbild für den Zeitbereich nur durch die zusätzliche Spannungsquelle für den Anfangswert der Kondensatorspannung.

Mit den eingezeichneten Zählpfeilen ergibt sich nach der Kirchhoffschen Maschengleichung

$$U_2(p) = \frac{u_2(0-)}{p} + \frac{I(p)}{pC} \tag{15.49}$$

und

$$I(p) = \frac{U_1(p) - u_2(0-)/p}{R + 1/pC}. \tag{15.50}$$

Die zweite Gleichung in die erste eingesetzt, liefert mit $\alpha = 1/RC$ das Ergebnis

$$U_2(p) = \frac{\alpha}{p+\alpha} U_1(p) + \frac{u_2(0-)}{p+\alpha}. \tag{15.51}$$

Es stimmt mit der aus der Differentialgleichung erhaltenen Beziehung (15.38) überein, denn die Kondensatorspannung ist hier für $t = 0$ stetig, also $u_2(0-) = u_2(0+)$. Alle auf der rechten Seite stehenden Größen sind bekannt. $U_1(p)$ ist die Laplace-Transformierte der am Eingang für $t \geqslant 0$ wirkenden Spannung, $u_2(0-)$ die Kondensatorspannung im Zeitnullpunkt. Für den Fall, daß $u_1(t)$ eine im Zeitnullpunkt eingeschaltete Gleichspannung u_0 ist, wird nach Gleichung (15.13)

$$U_1(p) = \frac{u_0}{p}, \tag{15.52}$$

und es gilt

$$U_2(p) = \frac{\alpha u_0}{p(p+\alpha)} + \frac{u_2(0-)}{p+\alpha}\,. \tag{15.53}$$

Beispiel 2: CR-Schaltung

Die Schaltung des Beispiels nach Abb. 15.12 unterscheidet sich von der vorhergehenden nur dadurch, daß die beiden Elemente miteinander vertauscht sind.

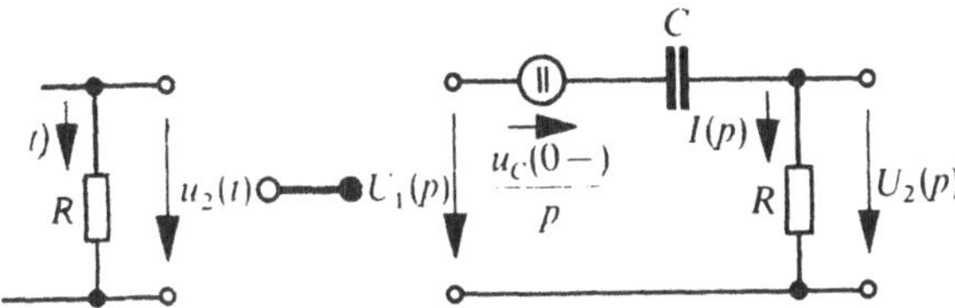

Abb. 15.12 CR-Schaltung im Zeit- und Frequenzbereich

Wieder soll $u_2(t)$ in Abhängigkeit von $u_1(t)$ bei vorgegebenem Wert der Kondensatorspannung im Zeitnullpunkt bestimmt werden. Für den Frequenzbereich erhalten wir sofort aus dem Schaltbild Abb. 15.12 rechts

$$U_2(p) = I(p)\,R$$

und

$$I(p) = \frac{U_1(p) - \dfrac{u_C(0-)}{p}}{R+1/pC}\,.$$

Damit wird

$$U_2(p) = \frac{pCR}{1+pCR}\,U_1(p) - \frac{CR\,u_C(0-)}{1+pCR}\,. \tag{15.54}$$

Für den Spezialfall, daß $u_1(t)$ eine im Zeitnullpunkt eingeschaltete Gleichspannung ist, ergibt sich hier mit der Beziehung (15.52) und der Abkürzung $\alpha = 1/RC$

$$U_2(p) = \frac{u_0 - u_C(0-)}{p+\alpha}. \tag{15.55}$$

Beispiel 3: Reihenschwingkreis

Als drittes Beispiel betrachten wir einen Reihenschwingkreis nach Abb. 15.13:

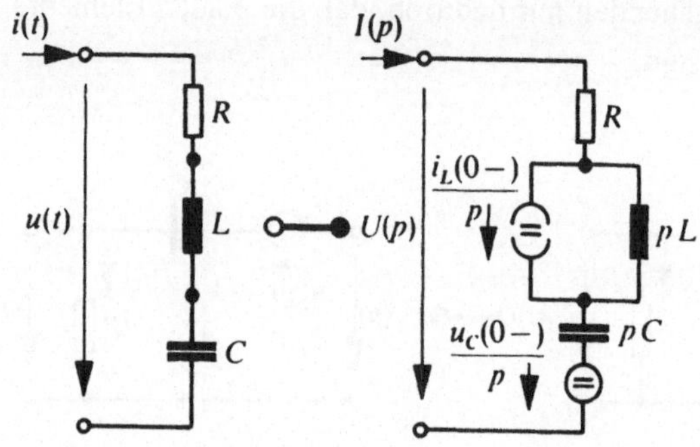

Abb. 15.13 Reihenschwingkreis im Zeit- und Frequenzbereich

Es sei der Strom $i(t)$ für $t \geqslant 0$ zu bestimmen bei vorgegebener Spannung $u(t)$ und vorgegebenen Anfangswerten für den Spulenstrom i_L (0-) und für die Kondensatorspannung $u_C(0-)$. Aus dem für den Frequenzbereich gültigen Schaltbild Abb. 15.13 rechts erhalten wir

$$U(p) = RI(p) + pL\left(I(p) - \frac{i_L(0-)}{p}\right) + \frac{I(p)}{pC} + \frac{u_C(0-)}{p}.$$

Auflösen der Gleichung nach der interessierenden Größe $I(p)$ liefert

$$I(p) = \frac{U(p) + Li(0-) - u_C(0-)/p}{R + pL + 1/pC}. \tag{15.56}$$

Bei verschwindenden Anfangswerten stimmt diese Beziehung für $p = \mathrm{j}\omega$ mit der bekannten Formel der Wechselstromrechnung überein.

Bei den bisher behandelten Beispielen traten sprunghafte Änderungen von Kondensatorspannungen oder Spulenströmen nicht auf. Wir wollen deshalb mit der in Abb. 15.14 dargestellten Schaltung ein

Beispiel behandeln, bei dem unstetige Kondensatorspannungen vorliegen.

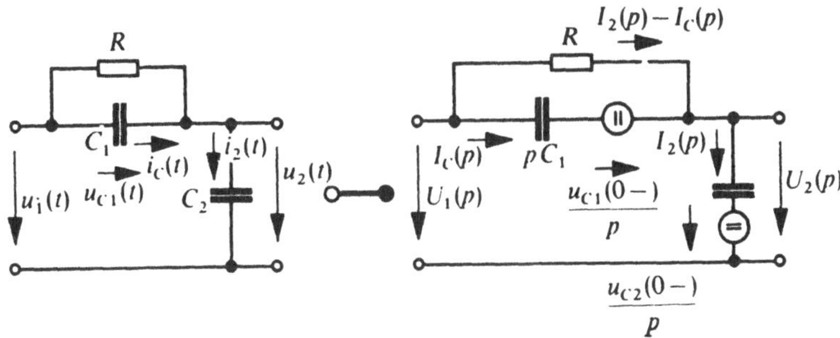

Abb. 15.14 RC-Schaltung, bei der sich die Kondensatorspannungen sprunghaft ändern können

Hier muß ja nach dem Einschalten im Zeitnullpunkt die Kirchhoffsche Gleichung

$$u_1(0+) = u_{C1}(0+) + u_{C2}(0+) \tag{15.57}$$

gelten. Wenn die vorgegebenen Werte $u_{C1}(0-)$ und $u_{C2}(0-)$ mit dieser Gleichung nicht verträglich sind, müssen Sprünge im Zeitnullpunkt auftreten.

Wir berechnen zuerst den Strom $I_2(p)$. Aus dem für den Frequenzbereich gültigen Schaltbild ergeben sich die Gleichungen

$$(R + 1/pC_1)\, I_C - R\, I_2 = -u_{C1}(0-)/p \tag{15.58}$$

$$-R\, I_C + (R + 1/pC_2) I_2 = U_1 - u_{C2}(0-)/p. \tag{15.59}$$

Wir wollen zunächst den Strom $I_2(p)$ und daraus die Spannung $U_2(p)$ für den Fall berechnen, daß $u_1(t)$ eine im Zeitnullpunkt eingeschaltete Gleichspannung u_0 ist. Dann wird

$$U_1(p) = u_0/p.$$

Einsetzen dieses Wertes und Auflösen des Gleichungssystems nach $I_2(p)$ liefert

$$I_2(p) = \frac{pRC_1C_2(u_0 - u_{C1}(0-) - u_{C2}(0-)) + C_2(u_0 - u_{C2}(0-)}{1 + pR(C_1 + C_2)} . \tag{15.60}$$

Für die Spannung liest man aus Abb. 15.14 rechts die Gleichung

$$U_2(p) = \frac{I_2(p)}{pC_2} + \frac{u_{C2}(0-)}{p}$$

ab. Mit dem oben gefundenen Wert für $I_2(p)$ ergibt sich

$$U_2(p) = \frac{RC_1(u_0 - u_{C1}(0-)) + RC_2u_{C2}(0-) + u_0/p}{1 + pR(C_1 + C_2)} . \tag{15.61}$$

Der Wert $u_2(0+)$ der zugehörigen Zeitfunktion $u_2(t)$ läßt sich unmittelbar aus diesei Gleichung bestimmen. Wie im Abschnitt 15.3.4 Gleichung (15.107) gezeigt wird, gilt

$$u_2(0+) = \lim_{p \to \infty} pU_2(p)$$

also

$$u_2(0+) = \frac{C_1(u_0 - u_{C1}(0-)) + C_2u_{C2}(0-)}{C_1 + C_2} . \tag{15.62}$$

Dieser Wert $u_2(0+)$ stimmt dann und nur dann mit dem vorgegebenen Wert $u_{C2}(0-)$ überein, wenn Gleichung (15.57) bereits vor dem Einschalten erfüllt ist, also

$$u_{C1}(0-) + u_{C2}(0-) = u_0$$

gilt. Nur dann gilt in Gleichung (15.60) auch

$$\lim_{p \to \infty} I_2(p) = 0,$$

wie es für die Laplace-Transformierte einer zulässigen Zeitfunktion gefordert wird. Andernfalls kann man aus der Laplace-Transformation (15.60) eine Konstante abspalten. Die zugehörige Zeitfunktion enthält dann einen δ-Impuls, herrührend von der sprungartigen Umladung der Ko ndensatoren beim Anschalten der Spannungsquelle.

Wenn man die Werte der Kondensatorspannungen und Spulenströme zum Zeitpunkt 0– beliebig vorgibt, setzt man voraus, daß bis zu diesem Zeitpunkt die Elemente durch Schalter voneinander getrennt oder so miteinander verbunden sind, daß alle Größen voneinander unabhängig sind. Erst im Zeitpunkt $t = 0$ wird der zu analysierende Zustand des Netzes hergestellt. Eine sprunghafte Änderung der vorgegebenen Größen muß eintreten, wenn ihre Werte mit den für $t > 0$ geltenden Gleichungen nicht verträglich sind. Das kann immer dann auftreten, wenn beim Einschalten Maschen gebildet werden, die nur aus Kondensatoren und Spannungsquellen bestehen, oder Knoten, die nur Spulen und Stromquellen miteinander verknüpfen. Ein Beispiel, bei dem beides vorliegt, zeigt Abb. 15.15.

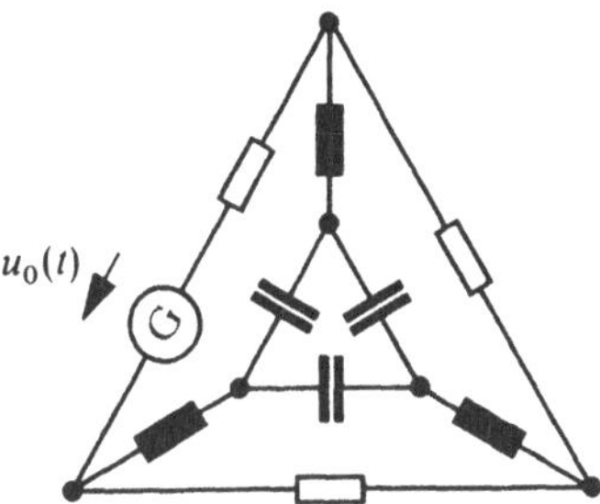

Abb. 15.15 Netzwerk mit Kondensatormasche und Spulenknoten

Hier bilden die drei Kondensatoren eine Masche. Die Eckpunkte dieser Masche bilden gemeinsam einen Knoten für die sternförmig angeschlossenen Spulen.

Man erkennt also aus der Struktur des Netzes, ob im Einschaltzeitpunkt unstetige Änderungen der Spulenströme und Kondensatorspannungen und damit sprunghafte Energieänderungen an Spulen oder Kondensatoren auftreten können. Dabei sei nochmals daran erinnert, daß die sprunghaften Änderungen von der Annahme idealisierter Spannungs- und Stromquellen, sowie verlustfreier Spulen und Kondensatoren herrühren. In wirklichen Netzen können sich diese Größen nur stetig ändern.

15.3 Die Rücktransformation der Lösung in den Zeitbereich

Die letzte noch verbleibende Teilaufgabe bei der Berechnung von Einschwingvorgängen in linearen Netzwerken ist die Rücktransformation der im Frequenzbereich ermittelten Lösung in den Zeitbereich. Prinzipiell hat man dazu die Lösung in das Umkehrintegral (15.8) einzusetzen und dieses nach irgendeinem Verfahren auszuwerten.

Wenn sich als Lösung im Frequenzbereich eine Funktion $F(p)$ ergibt, bei der man die zugehörige Zeitfunktion kennt, oder wenn sich $F(p)$ in eine Summe solcher Funktionen zerlegen läßt, dann kann man die Zeitfunktion unmittelbar aus einer Tabelle bekannter Funktionspaare entnehmen, weil die durch die Laplace-Transformation vermittelte Zuordnung zwischen Zeit- und Frequenzfunktionen umkehrbar eindeutig ist. Die im Abschnitt 15.1.1 zusammengestellte Tabelle (Gleichungen 15.13 bis 15.19) und die Beziehung (15.27) ermöglichen es, zu allen rationalen Funktionen $F(p)$ nach einer Partialbruchzerlegung die zugehörigen Zeitfunktionen $f(t)$ unmittelbar anzugeben. Rationale Funktionen entstehen als Lösungsfunktionen von linearen Differentialgleichungen mit konstanten Koeffizienten. Da lineare Netzwerke aus konzentrierten Elementen durch solche Differentialgleichungen beschrieben werden, ist dieses einfache Verfahren hier immer anwendbar. Wir behandeln deshalb in den folgenden Abschnitten zunächst diese Methode und stellen die Auswertung des Umkehrintegrals bis zum Abschnitt 15.3.3 zurück.

15.3.1 Die Rücktransformation der Lösung für die Beispiele

Die Lösungen für die im Abschnitt 15.2 behandelten Beispiele sind im Frequenzbereich sämtlich rationale Funktionen. Wir können sie nach einer Partialbruchzerlegung mit Hilfe der Beziehungen (15.13) bis (15.19) in den Zeitbereich transformieren.

Wir beginnen mit dem zweiten Beispiel, der Schaltung nach Abb. 15.12. Für den Fall, daß $u_1(t)$ eine bei $t = 0$ eingeschaltete Gleichspannung u_0 ist, ergab sich als Lösung im Frequenzbereich

$$U_2(p) = \frac{u_0 - u_C(0-)}{p+\alpha}. \tag{15.55}$$

Die Beziehung (15.15) der Tabelle liefert sofort die Zeitfunktion

$$u_2(t) = (u_0 - u_C(0-))\,e^{-\alpha t}, \tag{15.65}$$

deren Verlauf die Abb. 15.16 zeigt.

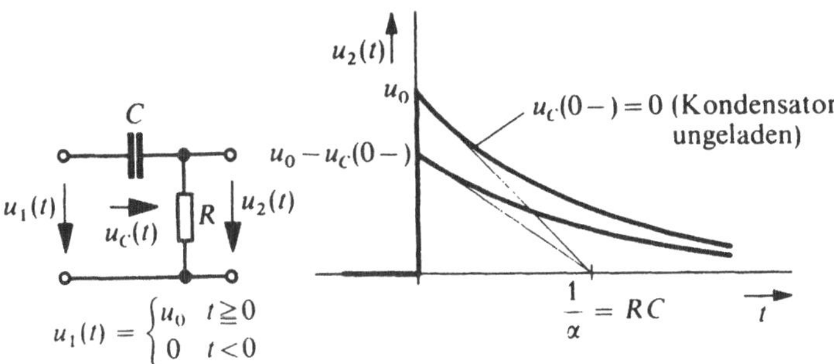

Abb. 15.16 Verlauf der Spannung $u_2(t)$ an einer CR-Schaltung bei Sprunganregung

Im Einschaltaugenblick ist u_2 gleich der Differenz von angelegter Gleichspannung und Kondensatorspannung. Über den Widerstand fließt der exponentiell abnehmende Ausgleichsstrom, der hier die Spannung $u_2(t)$ hervorruft. Im Endzustand ist $u_0 = u_C$ und $u_2 = 0$. Der Ausgleichsvorgang unterbleibt, wenn dieser Zustand bereits zur Zeit $t = 0$ vorliegt, wenn also $u_C(0-) = u_0$ gilt, dann ist $u_2(t) = 0$ für alle $t \geqslant 0$.

Für das erste Beispiel, die Schaltung nach Abb. 15.11, lautet die Lösung im Frequenzbereich beim Einschalten einer Gleichspannung und mit $u_2 = u_C$

$$U_2(p) = u_0 \frac{\alpha}{p(p+\alpha)} + u_C(0-)\frac{1}{p+\alpha}, \tag{15.53}$$

wenn wieder zur Abkürzung $1/RC = \alpha$ gesetzt wird. Die Rücktransformation des zweiten Summanden bereitet keine Schwierigkeiten und ergibt

$$u_C(0-)\,\frac{1}{p+\alpha}\;\bullet\!\!-\!\!-\!\!\circ\; u_C(0-)\mathrm{e}^{-\alpha t}\,.$$

Den ersten Summanden zerlegt man in Partialbrüche

$$\frac{\alpha}{p(p+\alpha)}=\frac{1}{p}-\frac{1}{p+\alpha}\,; \qquad (15.66)$$

danach liefert die Tabelle die Zuordnung

$$\frac{\alpha}{p(p+\alpha)}\;\bullet\!\!-\!\!-\!\!\circ\; 1-\mathrm{e}^{-\ddot{a}t}\,.$$

Damit lautet die vollständige Lösung für das Einschalten einer Gleichspannung im Zeitnullpunkt

$$u_2(t)=u_0(1-\mathrm{e}^{-\alpha t})+u_C(0-)\mathrm{e}^{-\alpha t}\,,$$

oder anders geschrieben

$$u_2(t)=u_0+(u_C(0-)-u_0)\mathrm{e}^{-\alpha t}\,. \qquad (15.67)$$

Auch hier ist die Spannungsdifferenz $u_C(0-)-u_0$ für den Ausgleichsvorgang maßgebend, der in Abb. 15.17 für verschiedene Werte $u_C(0-)$ dargestellt ist.

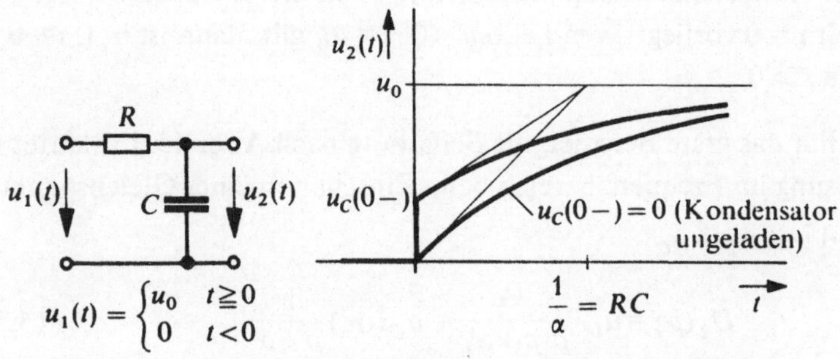

Abb. 15.17 Verlauf der Spannung $u_2(t)$ an einer RC-Schaltung bei Sprunganregung

Wir berechnen nun für die gleiche Schaltung Abb. 15.11 den Einschaltvorgang bei einer im Zeitnullpunkt eingeschalteten Wechselspannung

$$u_1(t) = u_2 \sin\omega_0 t \,. \tag{15.68}$$

Nach der Beziehung (15.19) in unserer Tabelle ist die zugehörige Frequenzfunktion

$$U_1(p) = \frac{u_0 \omega_0}{p^2 + \omega_0^2} \,,$$

so daß für diesen Fall die Lösung (15.51) im Frequenzbereich lautet

$$U_2(p) = \frac{u_0 \omega_0 \alpha}{(p^2 + \omega_0^2)(p + \alpha)} + u_C(0-) \frac{1}{p + \alpha} \,. \tag{15.69}$$

Nur der erste Summand hat sich gegenüber Gleichung (15.53) geändert; wir behandeln weiterhin nur ihn. Auch hier muß $U_2(p)$ zuerst in Partialbrüche zerlegt werden. Faßt man nach der Zerlegung die beiden zu den Polen bei $\pm j\omega_0$ gehörenden Anteile wieder zusammen, so ergibt sich

$$\frac{u_0 \omega_0 \alpha}{(p^2 + \omega_0^2)(p + \alpha)} = \frac{u_0 \omega_0 \alpha}{\alpha^2 + \omega_0^2} \left(\frac{1}{p + \alpha} + \frac{\alpha - p}{p^2 + \omega_0^2} \right) .$$

Die Tabelle liefert die Zuordnungen

$$\frac{\alpha}{p^2 + \omega_0^2} \quad \bullet\!\!-\!\!\!-\!\!\!-\!\!\circ \quad \frac{\alpha}{\omega_0} \sin\omega_0 t$$

$$\frac{p}{p^2 + \omega_0^2} \quad \bullet\!\!-\!\!\!-\!\!\!-\!\!\circ \quad \cos\omega_0 t \,.$$

Demnach gilt in der Schaltung Abb. 15.11 für $u_2(t)$ bei einer im Zeitnullpunkt eingeschalteten Sinusspannung und bei $u_C(0-) = 0$

$$u_2(\mathrm{t}) = \frac{u_0 \omega_0 \alpha}{\alpha^2 + \omega_0^2} \left(\mathrm{e}^{-\alpha t} + \frac{\alpha}{\omega_0} \sin\omega_0 t - \cos\omega_0 t \right) . \tag{15.70}$$

Der erste Summand stellt den eigentlichen Ausgleichsvorgang dar, der mit der Zeitkonstante $RC = 1/\alpha$ abklingt. Längere Zeit nach dem Einschalten sind nur noch die beiden anderen Summanden wirksam, die zu einer einzigen Sinusfunktion zusammengefaßt werden können:

$$\alpha \sin \omega_0 t - \omega_0 \cos \omega_0 t = \sqrt{\alpha^2 + \omega_0^2} \sin(\omega_0 t - \varphi)$$

mit

$$\varphi = \arctan(\omega_0 / \alpha).$$

Dieser Anteil der Lösung stimmt mit dem in der Wechselstromrechnung erhaltenen überein, die ja den Netzzustand nach Abklingen aller Einschwingvorgänge beschreibt.

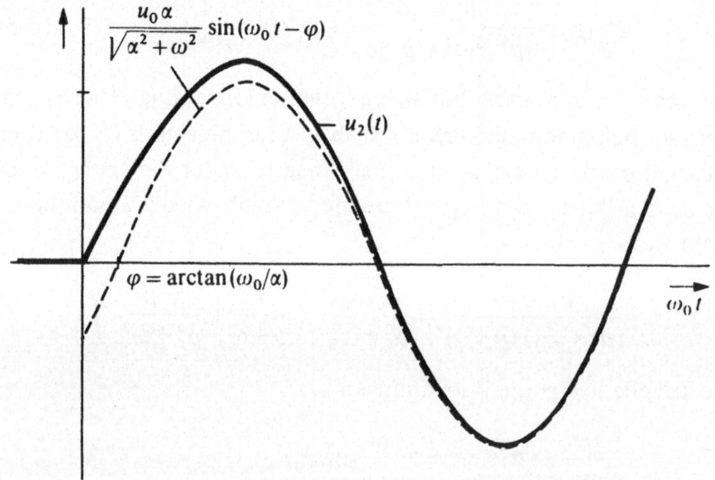

Abb. 15.18 Verlauf der Spannung $u_2(t)$ der Schaltung von Abb. 15.11 bei Anregung mit einer Sinusspannung

Abb. 15.18 zeigt den Verlauf von $u_2(t)$ beim Einschalten einer Sinusspannung nach Gleichung (15.70). Bei dem hier gewählten Zahlenwert $\alpha/\omega_0 = 2$ ist bereits nach einer Periode der Wechselspannung der gestrichelt gezeichnete stationäre Zustand nahezu erreicht.

Eine andere Möglichkeit die Zeitfunktion $u_2(t)$ zu gewinnen, bietet die Übersetzung des Produktes im Frequenzbereich

$$U_2(p) = U_1(p) \cdot \frac{\alpha}{p + \alpha}$$

in eine Faltung im Zeitbereich. Dazu bestimmt man zunächst die zum zweiten Faktor gehörende Zeitfunktion aus der Zuordnung

$$\frac{\alpha}{p+\alpha} \bullet\!\!-\!\!\!-\!\!\!-\!\!\circ \; \alpha e^{-\alpha t}$$

und setzt diese Funktion zusammen mit $u_1(t)$ in das Faltungsintegral (15.31) ein. Das ergibt

$$u_2(t) = \alpha \int_0^t u_1(\tau) e^{-\alpha(t-\tau)} d\tau \,. \tag{15.71}$$

Für eine im Zeitnullpunkt eingeschaltete Sinusspannung nach Gleichung (15.68) wird

$$u_2(t) = u_0 \alpha e^{-\alpha t} \int_0^t \sin\omega_0\tau \; e^{\alpha\tau} \, d\tau \,.$$

Zur Auswertung schreibt man das Integral zweckmäßig in der Form

$$u_2(t) = u_0 \alpha e^{-\alpha\tau} \mathrm{Im} \left\{ \int_0^t e^{(\alpha + j\omega_0)\tau} \, d\tau \right\} .$$

Die Integration liefert

$$u_2(t) = u_0 \alpha e^{-\alpha t} \,\mathrm{Im} \left\{ \frac{e^{(\alpha + j\omega_0)t} - 1}{\alpha + j\omega_0} \right\} ,$$

woraus sich durch Trennen von Real- und Imaginärteil wieder die Lösung von Gleichung (15.70) ergibt.

Die Benutzung des Faltungssatzes ist häufig der einfachste Weg, die Antwort des Netzwerks auf eine vorgegebene Anregung zu bestimmen, oft sogar der einzig gangbare, nämlich dann, wenn der zeitliche Verlauf der anregenden Spannung nicht als analytische Funktion, sondern nur als Kurvenzug oder als Wertetabelle vorliegt. Dann läßt sich eine Laplace-Transformierte nicht bestimmen, das Faltungsintegral aber trotzdem nach irgend einem Näherungsverfahren auswerten.

Einer kleinen Umformung vor der Anwendung des Faltungssatzes bedarf es bei Netzwerken der im zweiten Beispiel dargestellten Art, wenn man nicht mit δ-Impulsen rechnen will. Die Lösung im Frequenzbereich (15.54) für beliebige Anregung und $u_C(0-) = 0$ lautet hier mit $\alpha = 1/RC$

$$U_2(p) = U_1(p) \cdot \frac{p}{p+\alpha}.$$

Der zweite Faktor, die das Netz charakterisierende Übertragungsfunktion, verschwindet hier nicht mit $p \to \infty$, würde also bei der Transformation in den Zeitbereich zusätzlich einen δ-Impuls ergeben. Will man das vermeiden, so muß man den Grenzwert für $p \to \infty$ abtrennen und schreiben

$$\frac{p}{p+\alpha} = 1 - \frac{\alpha}{p+\alpha}.$$

Damit erhält die Lösung im Frequenzbereich die Form

$$U_2(p) = U_1(p) - U_1(p) \cdot \frac{\alpha}{p+\alpha}, \qquad (15.72)$$

aus der jetzt alle Anteile einzeln in den Zeitbereich transformiert werden können. Mit der Zuordnung (15.15) ergibt sich aus (15.72) im Zeitbereich die Gleichung

$$u_2(t) = u_1(t) - \alpha \int_0^t u_1(\tau) e^{-\alpha(t-\tau)} d\tau.$$

Nimmt man für $u_1(t)$ eine Gleichspannung u_0 an, dann führt die Integration

$$u_0 - \alpha u_0 \int_0^t e^{-a(t-\tau)} d\tau = u_0 e^{-at}$$

wieder auf die Lösung (15.65) für $u_C(0-) = 0$ zurück.

Das Abspalten einer Konstanten von der das Netzwerk beschreibenden Übertragungsfunktion ist immer dann erforderlich, wenn, wie in diesem Beispiel, das Netzwerk zwischen den betreffenden Klemmenpaaren für Schwingungen beliebig hoher Frequenz durchlässig ist. Die anregende Größe tritt dann nicht nur im Faltungsintegral, sondern auch explizit auf. Ein Sprung der Anregung ergibt auch einen Sprung der Ausgangsgröße.

Nun transformieren wir die Lösung für das dritte Beispiel, die Schaltung von Abb. 15.13. Hier sind zwei Energiespeicher vorhanden, die Lösung im Frequenzbereich ergibt eine Funktion zweiten Grades

$$I(p) = \frac{U(p) + Li(0-) - u_C(0-)/p}{R + pL + 1/pC} \ . \tag{15.56}$$

Der Einfachheit halber beschränken wir uns bei $u(t)$ auf eine im Zeitnullpunkt eingeschaltete Gleichspannung u_0 und nehmen Spule und Kondensator vor dem Einschalten als energiefrei an. Dann gilt

$$U(p) = u_0/p \qquad i(0-) = 0 \qquad u_C(0-) = 0 \ ,$$

und die Lösung für den Frequenzbereich lautet

$$I(p) = \frac{u_0}{p(R + pL + 1/pC)}$$

oder

$$RI(p) = \frac{R}{L} \frac{u_0}{p^2 + pR/L + 1/LC} \ . \tag{15.73}$$

Wir wollen die häufig vorkommende Aufgabe, zu einer rationalen Funktion zweiten Grades in p die zugehörige Zeitfunktion aufzufinden, möglichst allgemein formulieren und schreiben deshalb $F(p)$ in der Form

$$F(p) = \frac{a_1 p + a_0}{p^2 + 2\alpha p + \omega_0^2} \ . \tag{15.74}$$

Die Funktion hat zwei Pole bei den komplexen Frequenzen

$$p_1 = -\alpha + \sqrt{\alpha^2 - \omega_0^2} \qquad p_2 = -\alpha - \sqrt{\alpha^2 - \omega_0^2} \ . \tag{15.75}$$

Für $\omega_0^2 < \alpha^2$ liegen die Pole bei reellen, für $\omega_0^2 > \alpha^2$ bei komplexen Werten.

Die Partialbruchzerlegung und damit gegebenenfalls das Rechnen mit komplexen Größen läßt sich vermeiden, wenn man den Nenner in Gleichung (15.74) in eine Summe von Quadraten zerlegt

$$p^2 + 2\alpha p + \omega_0^2 = (p + \alpha)^2 + (\omega_0^2 - \alpha^2) \ .$$

Mit der Hilfsgröße

$$\omega_e^2 = \omega_0^2 - \alpha^2 \tag{15.76}$$

läßt sich $F(p)$ in die Form

$$F(p) = \frac{a_1(p+\alpha) + a_0 - \alpha a_1}{(p+\alpha)^2 + \omega_e^2} \tag{15.77}$$

bringen. Die Anwendung des Verschiebungssatzes (15.26) auf die Beziehungen (15.18) und (15.19) der Tabelle liefert für $\omega_e^2 > 0$, also Pole im Komplexen, die Zuordnungen

$$\frac{p+\alpha}{(p+\alpha)^2 + \omega_e^2} \bullet\!\!-\!\!\!-\!\!\circ\; e^{-\alpha t} \cos\omega_e t \tag{15.78}$$

$$\frac{\omega_e}{(p+\alpha)^2 + \omega_e^2} \bullet\!\!-\!\!\!-\!\!\circ\; e^{-\alpha t} \sin\omega_e t \tag{15.79}$$

und damit als Zeitfunktion zu $F(p)$ nach Gleichung (15.74)

$$f(t) = e^{-\alpha t}\left(a_1 \cos\omega_e t + \frac{a_0 - \alpha a_1}{\omega_e} \sin\omega_e t\right). \tag{15.80}$$

Für Pole im Reellen verwendet man statt ω_e^2 die Hilfsgröße

$$\omega_r^2 = \alpha^2 - \omega_0^2 . \tag{15.81}$$

Mit den Zuordnungen

$$\frac{p+\alpha}{(p+\alpha)^2 - \omega_r^2} \bullet\!\!-\!\!\!-\!\!\circ\; e^{-\alpha t} \cosh\omega_r t$$

$$\frac{\omega_r}{(p+\alpha)^2 - \omega_r^2} \bullet\!\!-\!\!\!-\!\!\circ\; e^{-\alpha t} \sinh\omega_r t$$

ergibt sich $f(t)$ dann in der Form

$$f(t) = e^{-\alpha t}\left(a_1 \cosh\omega_r t + \frac{a_0 - \alpha a_1}{\omega_r} \sinh\omega_r t\right). \tag{15.82}$$

Für den sogenannten aperiodischen Grenzfall, d.h. für das Zusammenfallen der beiden Polstellen

$$p_1 = p_2, \qquad \omega_0^2 = \alpha^2, \qquad \omega_r = \omega_e = 0,$$

läßt sich $f(t)$ aus (15.80) oder (15.82) durch einen Grenzübergang herleiten. Wegen

$$\lim_{\omega_e \to 0} \frac{\sin \omega_e t}{\omega_e} = t$$

gilt hier

$$f(t) = e^{-\alpha t}(a_1 + (a_0 - \alpha a_1)t) \,. \tag{15.83}$$

Diese Formeln benutzen wir nun zur Transformation von Gleichung (15.73). Hier ist

$$\alpha = R/2L \qquad \omega_0^2 = 1/LC$$

$$a_1 = 0 \qquad a_0 = 2\alpha u_0$$

und demnach

$$\omega_e^2 = -\omega_r^2 = \frac{1}{LC}\left(1 - \frac{R^2C}{4L}\right) . \tag{15.84}$$

Damit ergibt sich für den Strom in einem Reihenschwingkreis beim Einschalten einer Gleichspannung u_0 für

$$\omega_e^2 = \omega_0^2 - \alpha^2 > 0 \,,$$

also Pole im Komplexen,

$$R\, i(t) = u_0 e^{-\alpha t} \frac{2\alpha}{\omega_e} \sin \omega_e t \,. \tag{15.85}$$

Das ist eine gedämpfte Schwingung mit der Abklingkonstanten α und der Kreisfrequenz

$$\omega_e = \omega_0 \sqrt{1 - \alpha^2/\omega_0^2} \,,$$

die im Grenzfall verschwindender Dämpfung in $\omega_0 = 1/\sqrt{LC}$ übergeht. In Abb. 15.19 ist eine solche Schwingung mit $\alpha/\omega_e = 1/4$ dargestellt. Physikalisch gesehen, beschreibt sie das Pendeln der Energie zwischen Spule und Kondensator, wobei die Energie nach und nach in dem Widerstand aufgezehrt wird. Einschwingvorgänge dieser Art können also nur auftreten, wenn Energiespeicher beiderlei Art, also Spulen und Kondensatoren, im Netz vorhanden sind.

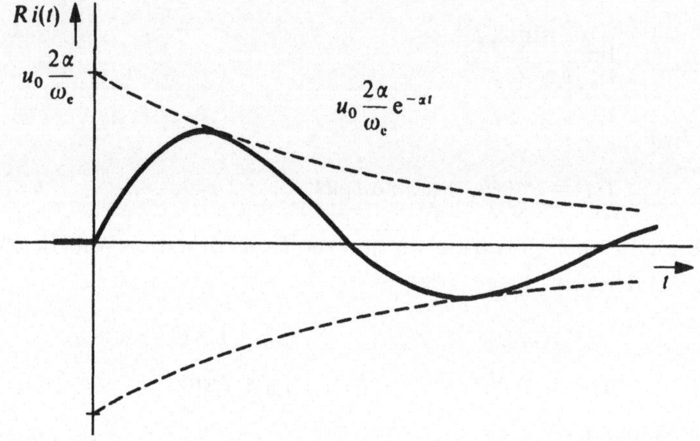

Abb. 15.19 Verlauf des Stromes in einem Reihenschwingkreis bei Anregung mit Gleichspannung (Schwingungsfall)

Für

$$\alpha^2 - \omega_0^2 = \omega_r^2 > 0 ,$$

also Pole auf der negativ reellen p-Achse gilt

$$Ri(t) = u_0 e^{-\alpha t} \frac{2\alpha}{\omega_r} \sinh \omega_r t . \tag{15.86}$$

Das ist die Differenz zweier Exponentialfunktionen mit negativen Exponenten, wie sie in Abb. 15.20 für $\alpha/\omega_r = 2$ dargestellt ist.

Für den aperiodischen Grenzfall $\omega_0^2 = \alpha^2$ ergibt sich schließlich

$$Ri(t) = u_0 2\alpha t \, e^{-\alpha t} . \tag{15.87}$$

Der Strom im Reihenschwingkreis beim Einschalten einer Spannung beliebiger Zeitabhängigkeit läßt sich am einfachsten mit Hilfe des Faltungsintegrals bestimmen. Man schreibt dazu in Gleichung

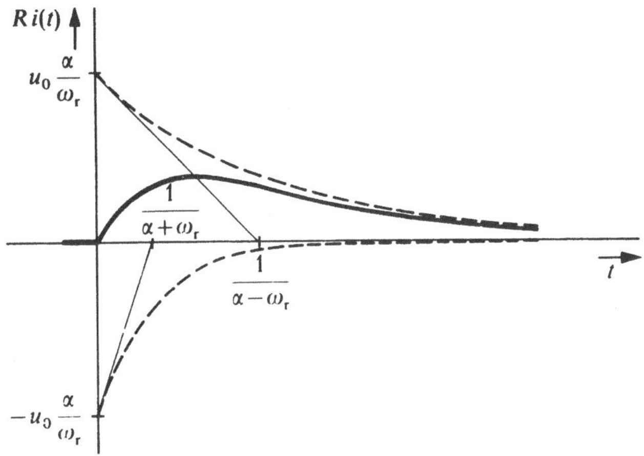

Abb. 15.20 Verlauf des Stromes in einem Reihenschwingkreis bei Anregung mit Gleichspannung (aperiodischer Fall)

(15.56) den ersten Summanden in der Form

$$I(p) = U(p) \cdot \frac{p/L}{p^2 + pR/L + 1/LC} ,$$

bestimmt mit (15.74) die zum zweiten Faktor gehörende Zeitfunktion und setzt diese zusammen mit $u(t)$ in das Faltungsintegral (15.31) ein.

15.3.2 Die allgemeine Form der Lösung im Zeitbereich

Nach der Behandlung der drei Beispiele ist es nun nicht schwer, die allgemeinen Formeln für die Berechnung der Spannungen und Ströme in einem aus Spulen, Kondensatoren und Widerständen aufgebauten Netzwerk anzuschreiben.

Aus den unmittelbar im Frequenzbereich angesetzten Kirchhoffschen Gleichungen ergibt sich für die Laplace-Transformierte der interessierenden Größe (Strom oder Spannung) ein Ausdruck der Form

$$Y(p) = X(p)\,A(p) + \frac{y_1(0-)}{p} A_1(p) + \cdots \frac{y_n(0-)}{p} A_n(p) \,. \quad (15.88)$$

Dabei sind $y_1(0-)$ bis $y_n(0-)$ die Werte der Kondensatorspannungen oder Spulenströme unmittelbar vor dem Einschaltzeitpunkt $t = 0$. $X(p)$ ist die Laplace-Transformierte einer im Zeitpunkt $t = 0$ angeschalteten Generatorspannung oder eines Generatorstromes. (Es wird nur ein einziger Generator angenommen.) $A(p)$ und $A_1(p)$ bis $A_n(p)$ sind die sich aus der Netzwerkanalyse ergebenden Übertragungsfunktionen zwischen den betreffenden Zweigen des Netzes. $A(p)$ kann beispielsweise die Spannungsübertragungsfunktion zwischen den Klemmen eines Vierpols sein, wenn $X(p) = U_1(p)$ und $Y(p) = U_2(p)$ ist. Sind $X(p)$ und $Y(p)$ die Transformierten von Strom und Spannung an einem Klemmenpaar, dann ist $A(p)$ eine Impedanz bzw. eine Admittanz. Die Übertragungsfunktionen sind rationale Funktionen, deren Grad mit der Gesamtzahl n der im Netz vorhandenen Spulen und Kondensatoren übereinstimmt, sofern nicht eine der am Ende des Abschnittes 15.2 behandelten Entartungen vorliegt, bei denen einzelne Spulenströme oder Kondensatorspannungen voneinander abhängig sind. Die Pole aller dieser Netzwerkfunktionen stimmen überein; sie liegen im Inneren der linken p-Halbebene.

Wenn $A(p)$ für $p = \infty$ einen von null verschiedenen Wert hat, spaltet man diesen ab und schreibt

$$A(p) = A_\infty + F(p) \ . \tag{15.89}$$

Setzt man außerdem zur Abkürzung für alle ν von 1 bis n

$$\frac{1}{p} A_\nu(p) = F_\nu(p) ,$$

dann erhält die Lösung im Frequenzbereich die Form

$$Y(p) = X(p)A_\infty + X(p)\,F(p) + y_1(0-)F_1(p) + \cdots y_n(0-)F_n(p). \tag{15.90}$$

Alle hier auftretenden rationalen Funktionen $F(p)$, $F_1(p)$ bis $F_n(p)$ verschwinden bei $p = \infty$. Sie können, nachdem man die Pole und die zugehörigen Partialbrüche bestimmt hat, mit den Formeln des Abschnittes 15.1.1 einzeln in den Zeitbereich transformiert werden. Die Bestimmung der Pole erfordert bei Funktionen höheren Grades unter Umständen einen erheblichen Rechenaufwand.

Bezeichnet man, wie üblich, die bei der Transformation aus dem Frequenzbereich in den Zeitbereich entstehenden Funktionen mit den entsprechenden Kleinbuchstaben, dann ergibt sich die endgültige Lösung in der Form

$$y(t) = A_\infty x(t) + \int_0^t x(t-\tau) f(\tau)\,\mathrm{d}\tau + y_1(0-)f_1(t) + \cdots + y_n(0-)f_n(t). \qquad (15.91)$$

Sie vereinfacht sich wesentlich für den häufig vorkommenden Fall, daß einige oder alle Anfangswerte $y_\nu(0-)$ verschwinden, die Energiespeicher vor dem Anschalten des Generators also entladen sind. Es bleibt die Auswertung des Faltungsintegrals, wozu gegebenenfalls ein Näherungsverfahren herangezogen werden kann.

15.3.3 Das Umkehrintegral und der Heavisidesche Entwicklungssatz

In den vorangegangenen Abschnitten haben wir rationale Funktionen $F(p)$ ohne Benutzung des Umkehrintegrals in den Zeitbereich transformiert. Wir mußten dazu $F(p)$ in Partialbrüche der Form $1/(p-p_\nu)^k$ zerlegen und konnten die zugehörigen Zeitfunktionen dann aus der Tabelle (15.13) bis (15.19) entnehmen. Der Vollständigkeit halber soll nun auch die unmittelbare Auswertung für rationale Funktionen $F(p)$ gezeigt werden. Diese Darstellung liefert einen Einblick in die Verwendung funktionentheoretischer Methoden bei der Auswertung des Umkehrintegrals, der für die weitere Anwendung der Laplace-Transformation nützlich ist. Zugleich gewinnen wir damit eine explizite Rechenvorschrift zur Bestimmung der Zeitfunktion $f(t)$, die natürlich der Partialbruchzerlegung von $F(p)$ und der Transformation der Partialbrüche in den Zeitbereich genau entspricht.

Das Umkehrintegral haben wir bisher in der Form

$$f(t) = \frac{1}{2\pi \mathrm{j}} \int_{\sigma_\mathrm{i}-\mathrm{j}\infty}^{\sigma_\mathrm{i}+\mathrm{j}\infty} F(p)\,\mathrm{e}^{pt}\,\mathrm{d}p \qquad (15.93)$$

geschrieben. Der Integrationsweg ist eine Parallele zur imaginären Achse im Abstand σ_i. Er muß rechts von der Konvergenzabszisse σ_0 des Laplace-Integrals (15.7) liegen ($\sigma_i > \sigma_0$), so daß $F(p)$ auf dem Weg und rechts davon holomorph ist. Bei den in der Netzwerkanalyse vorkommenden Fällen ist gewöhnlich $\sigma_0 \leqslant 0$, so daß wir einen Integrationsweg entlang der imaginären Achse oder unmittelbar rechts davon annehmen können.

Integrale über analytische Funktionen lassen sich leicht auswerten, wenn der Integrationsweg eine geschlossene Kurve ist. Der Weg entlang der imaginären Achse kann durch einen großen Halbkreis über die linke oder rechte Halbebene zu einem geschlossenen Weg ergänzt werden. Wenn es gelingt zu zeigen, daß der Integrationsbeitrag über einen solchen Halbkreis verschwindet, sofern der Kreisradius gegen unendlich strebt, kann das Umkehrintegral über den nunmehr geschlossenen Weg nach dem Residuensatz der Funktionentheorie ausgewertet werden (siehe z.B. D. Laugwitz: Ingenieurmathematik V, BI Hochschultaschenbuch 93).

Zur Abschätzung des Integralbeitrags über einen Halbkreis vom Radius r nach Abb. 15.21 gehen wir aus von der für den Betrag eines komplexen Integrals geltenden Ungleichung

$$\left|\int F(p)\,\mathrm{e}^{pt}\mathrm{d}p\right| \leqslant \int |F(p)|\,|\mathrm{e}^{pt}\mathrm{d}p| \leqslant \max\{|F(p)|\}\cdot \int |\mathrm{e}^{pt}|\,|\mathrm{d}p|\,. \tag{15.94}$$

Alle Laplace-Transformierten $F(p)$ streben mit $\mathrm{j}\omega \to \infty$ gegen null. Für die rationale Funktion $F(p)$, die wir hier betrachten, gilt das Gleiche überall auf einem Kreis um den Nullpunkt, wenn sein Radius gegen unendlich strebt. Es genügt also, zu prüfen, in welchen Fällen

$$\int |\mathrm{e}^{pt}|\,|\mathrm{d}p|$$

bei der Integration über einen der in Abb. 15.21 eingezeichneten Halbkreise beim Grenzübergang $r \to \infty$ endlich bleibt.

Zur Auswertung dieses Integrals führt man zweckmäßig Polarkoordinaten ein

$$p = r\,\mathrm{e}^{\mathrm{j}\varphi} \qquad \mathrm{d}p = \mathrm{j}\,r\,\mathrm{e}^{\mathrm{j}\varphi}\mathrm{d}\varphi,$$

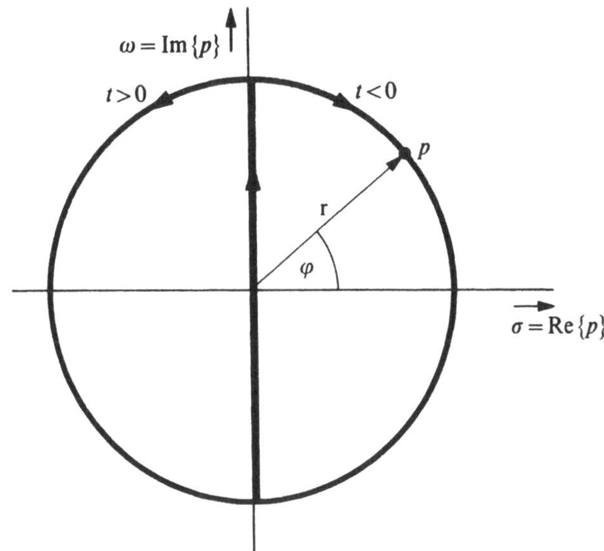

Abb. 15.21 Integrationsweg bei der Auswertung des Umkehrintegrals

dann wird

$$e^{pt} = e^{rt(\cos\varphi + j\sin\varphi)}$$

$$|e^{pt}| = e^{rt\cos\varphi} \qquad |dp| = r\,d\varphi.$$

Wir haben demnach das Integral

$$r \int e^{rt\cos\varphi}\, d\varphi \tag{15.95}$$

abzuschätzen und zwar mit den Grenzen $\pi/2 \leqslant \varphi \leqslant 3\pi/2$ für den linken und $\pi/2 \geqslant \varphi \geqslant -\pi/2$ für den rechten Halbkreis.

Der Integrand wird klein, wenn auf dem Integrationsweg der Exponent

$$rt\cos\varphi < 0$$

ist. Das trifft zu

für $t > 0$ auf dem linken Halbkreis
für $t < 0$ auf dem rechten Halbkreis.

Es ist nun zu zeigen, daß in beiden Fällen das Integral (15.95) für $r \to \infty$ endlich bleibt. Auf dem linken Halbkreis erhält das Integral (15.95) mit einer neuen Variablen $\alpha = \varphi - \pi/2$, also $\cos\varphi = -\sin\alpha$, $\mathrm{d}\varphi = \mathrm{d}\alpha$ die Form

$$r\int_0^{\pi} \mathrm{e}^{-rt\sin\alpha}\,\mathrm{d}\alpha = 2r\int_0^{\pi/2} \mathrm{e}^{-rt\sin\alpha}\,\mathrm{d}\alpha\,.$$

Da es nur darauf ankommt das Integral nach oben abzuschätzen, kann man den Integranden durch einen leicht integrierbaren größeren ersetzen, z.B. im Exponenten $\sin\alpha$ durch $2\alpha/\pi$, denn es ist

$$\sin\alpha \geqslant 2\alpha/\pi \quad \text{für} \quad 0 \leqslant \alpha \leqslant \pi/2\,.$$

Also gilt für $t > 0$

$$2r\int_0^{\pi/2} \mathrm{e}^{-rt\sin\alpha}\,\mathrm{d}\alpha < 2r\int_0^{\pi/2} \mathrm{e}^{-rt2\alpha/\pi}\,\mathrm{d}\alpha = \frac{\pi}{t}\,(1-\mathrm{e}^{-rt})$$

und das bleibt beim Grenzübergang $r \to \infty$ für alle $t > 0$ endlich.

Der Wert des Umkehrintegrals (15.93) ändert sich also nicht, wenn für positive t der Integrationsweg durch einen großen Kreis über die linke p-Halbebene geschlossen wird. Entsprechend ergibt sich, daß für negative t das Schließen über die rechte Halbebene keinen Beitrag liefert. Im Inneren des rechts geschlossenen Weges ist der Integrand $F(p)\mathrm{e}^{pt}$ überall holomorph. Es wird also

$$f(t) = 0 \quad \text{für} \quad t < 0\,,$$

wie es sein muß. Der links geschlossene Integrationsweg umfaßt alle Singularitäten des Integranden. Das Integral über den geschlossenen Weg ist gleich der Summe der Residuen r_ν des Integranden an den Polstellen der rationalen Funktion $F(p)$:

$$f(t) = \frac{1}{2\pi\mathrm{j}}\oint F(p)\,\mathrm{e}^{pt}\mathrm{d}p = \sum_{\nu=1}^{n} r_\nu\,. \tag{15.96}$$

Die Auswertung der Umkehrformel reduziert sich also auf die Bestimmung der Residuen.

Das Residuum r_ν an einem Pol p_ν erhält man als Koeffizienten der ersten negativen Potenz der Laurent-Entwicklung an dieser Polstelle

$$F(p)\mathrm{e}^{pt} = \sum_{i=-k}^{\infty} a_{\nu,i}\,(p-p_\nu)^i. \tag{15.97}$$

Dabei ist k die Vielfachheit des betreffenden Poles und

$$r_\nu = a_{\nu,-1}\,.$$

Wenn $F(p)$ bei p_ν einen k-fachen Pol hat, entsteht durch Multiplikation von $F(p)$ mit $(p-p_\nu)^k$ eine bei p_ν holomorphe Funktion $F_0(p)$

$$F(p) = \frac{F_0(p)}{(p-p_\nu)^k}\,.$$

Sie gestattet eine übersichtliche Darstellung des Residuums. Am leichtesten läßt sich das Residuum bestimmen, wenn der betreffende Pol einfach ist. Dann wird

$$F(p) = \frac{F_0(p)}{p-p_\nu}\,,$$

die Reihe (15.97) beginnt mit $i=-1$, und das erste Reihenglied ist das gesuchte Residuum

$$r_\nu = F_0(p_\nu)\mathrm{e}^{p_\nu t}.$$

Ist $F(p)$ als Quotient zweier Polynome gegeben,

$$F(p) = \frac{Z(p)}{N(p)}$$

dann gilt in der Umgebung von p_ν

$$Z(p) = Z(p_\nu) + (p-p_\nu)Z'(p_\nu) + \ldots,$$

$$N(p) = N(p_\nu) + (p-p_\nu)N'(p_\nu) + \ldots,$$

$$F(p) = \frac{Z(p_\nu) + \ldots}{(p-p_\nu)N'(p_\nu) + \ldots}$$

wobei $N'(p_\nu)$ die Ableitung von $N(p)$ nach p an der Stelle p_ν bedeutet. Damit wird

$$r_\nu = F_0(p_\nu) e^{p_\nu t} = \lim_{p \to p_\nu} F(p)\,(p - p_\nu)\, e^{pt}$$

$$r_\nu = \frac{Z(p_\nu)}{N'(p_\nu)}\, e^{p_\nu t}. \tag{15.98}$$

Hat die Laplace-Transformierte $F(p)$ nur einfache Pole bei $p_1 \dots p_n$, dann ergibt sich die zugehörige Zeitfunktion $f(t)$ für $t > 0$ in der Form des sogenannten Heavisideschen Entwicklungssatzes

$$f(t) = \sum_{\nu=1}^{n} \frac{Z(p_\nu)}{N'(p_\nu)}\, e^{p_\nu t}. \tag{15.99}$$

Etwas mühsamer ist die Bestimmung des Residuums für einen k-fachen Pol. Dann gilt

$$F(p)\, e^{pt} = \frac{F_0(p)}{(p - p_\nu)^k}\, e^{pt}. \tag{15.100}$$

In der Umgebung der k-fachen Polstelle lassen sich $F_0(p)$ und e^{pt} nach Potenzen von $p - p_\nu$ entwickeln:

$$F_0(p) = F_0(p_\nu) + \frac{1}{1!}(p - p_\nu) F_0'(p_\nu) + \frac{1}{2!}(p - p_\nu)^2 F_0''(p_\nu) + \dots$$

$$e^{pt} = e^{p_\nu t} \cdot e^{(p - p_\nu)t} =$$

$$= e^{p_\nu t}\left(1 + (p - p_\nu)\frac{t}{1!} + (p - p_\nu)^2 \frac{t^2}{2!} + \dots\right).$$

Einsetzen dieser beiden Reihen in Gleichung (15.100) und Ausmultiplizieren liefert die mit $(p - p_\nu)^{-k}$ beginnende Laurent-Reihe für $F(p)e^{pt}$. Für das Residuum r_ν, den Koeffizienten von $(p - p_\nu)^{-1}$, ergibt sich dann

$$r_\nu = e^{p_\nu t} \left(\frac{t^{k-1}}{(k-1)!} F_0(p_\nu) + \frac{t^{k-2}}{(k-2)!} \frac{F_0'(p_\nu)}{1!} + \right.$$

$$\left. \dots + \frac{t}{1!} \frac{F_0^{(k-2)}(p_\nu)}{(k-2)!} + \frac{F_0^{(k-1)}(p_\nu)}{(k-1)!} \right). \tag{15.101}$$

Bei einem mehrfachen Pol erscheint also im Residuum die Exponentialfunktion $e^{p_\nu t}$ multipliziert mit einem Polynom in t. Die Koeffizienten dieses Polynoms werden von den Ableitungen von $F_0(p)$ gebildet. Wenn wie üblich $F(p)$ und damit auch $F_0(p)$ als Quotient zweier Polynome gegeben ist, kann die Berechnung dieser Ableitungen mühsam sein. Für die numerische Auswertung der Entwicklung

$$f(t) = \sum_{\nu=1}^{n} r_\nu$$

empfiehlt es sich, die zu Paaren von konjugiert komplexen Polstellen gehörenden Residuen zusammenzufassen, um unnötiges Rechnen mit komplexen Größen zu vermeiden.

Als Beispiel für die Anwendung des Entwicklungssatzes berechnen wir die Zeitfunktion zu

$$F(p) = \frac{p^2 - 2\alpha p + \omega_0^2}{p(p^2 + 2\alpha p + \omega_0^2)} \tag{15.102}$$

$f(t)$ beschreibt den zeitlichen Verlauf der Ausgangsspannung einer symmetrischen X-Schaltung nach Abb. 15.22, wenn an den Eingang der zunächst energiefreien Schaltung im Zeitnullpunkt eine Gleichspannung u_0 gelegt wird und wenn man

$$\frac{u_2(t)}{u_0} = f(t)$$

setzt.

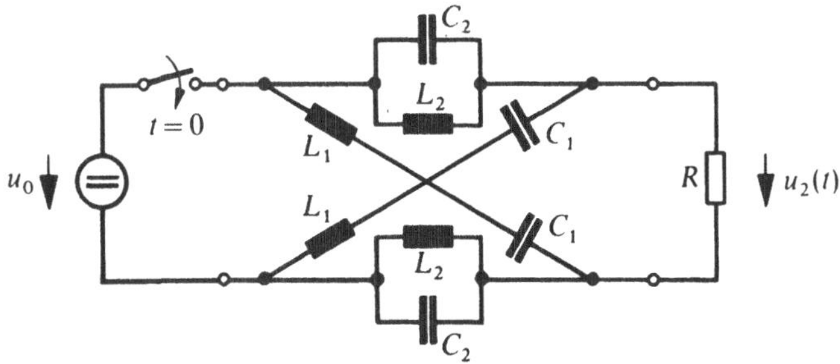

Abb. 15.22 Einschaltvorgang an einer symmetrischen X-Schaltung

Dabei gilt für den Zusammenhang zwischen den Elementen der Schaltung Abb. 15.22 und den Größen α, ω_0:

$$2\alpha L_1 = R \qquad 2\alpha C_2 = 1/R$$

$$\omega_0^2 L_1 C_1 = \omega_0^2 L_2 C_2 = 1 \,.$$

$F(p)$ hat Pole bei den im allgemeinen komplexen Werten

$$p_{1,2} = -\alpha \pm \sqrt{\alpha^2 - \omega_0^2}$$

und bei $p_3 = 0$.

Wenn alle Polstellen voneinander verschieden sind, lassen sich die Residuen nach Gleichung (15.98) berechnen. Für $p_3 = 0$ wird

$$Z(p_3) = \omega_0^2, \qquad N'(p_3) = \omega_0^2,$$

also

$$r_3 = 1 \,.$$

Für die Auswertung an den beiden anderen Polstellen schreiben wir $Z(p)$ und $N'(p)$ in der Form

$$Z(p) = (p^2 + 2\alpha p + \omega_0^2) - 4\alpha p$$

$$N'(p) = (p^2 + 2\alpha p + \omega_0^2) + 2p(p + \alpha) \,.$$

Bei p_1 und p_2 verschwindet jeweils der erste Summand. Es gilt also

$$r_1 = \frac{Z(p_1)}{N'(p_1)} \mathrm{e}^{p_1 t} = \frac{-2\alpha}{p_1 + \alpha} \mathrm{e}^{p_1 t} = \frac{-2\alpha}{\sqrt{\alpha^2 - \omega_0^2}} \mathrm{e}^{p_1 t}$$

und

$$r_2 = \frac{Z(p_2)}{N'(p_2)} \mathrm{e}^{p_2 t} = \frac{+2\alpha}{\sqrt{\alpha^2 - \omega_0^2}} \mathrm{e}^{p_2 t} \,.$$

Damit wird, wenn man im Exponenten die Hilfsgröße $\omega_r = \sqrt{\alpha^2 - \omega_0^2}$ verwendet,

$$f(t) = r_1 + r_2 + r_3$$

$$f(t) = 1 - \frac{2\alpha}{\sqrt{\alpha^2 - \omega_0^2}} \mathrm{e}^{-\alpha t} \left(\mathrm{e}^{\omega_r t} - \mathrm{e}^{-\omega_r t} \right) .$$

Das läßt sich für $\alpha^2 > \omega_0^2$ in der Form

$$f(t) = 1 - \frac{4\alpha}{\sqrt{\alpha^2 - \omega_0^2}} e^{-\alpha t} \sinh(\sqrt{\alpha^2 - \omega_0^2}\, t)$$

und für $\alpha^2 < \omega_0^2$ in der Form

$$f(t) = 1 - \frac{4\alpha}{\sqrt{\omega_0^2 - \alpha^2}} e^{-\alpha t} \sin(\sqrt{\omega_0^2 - \alpha^2}\, t) \tag{15.103}$$

darstellen.

Im aperiodischen Grenzfall $\alpha^2 = \omega_0^2$ wird

$$f(t) = 1 - 4\alpha t\, e^{-\alpha t}$$

Abb. 15.23 zeigt als Beispiel den Verlauf von $f(t)$ für $\alpha/\omega_0 = 1/3$.

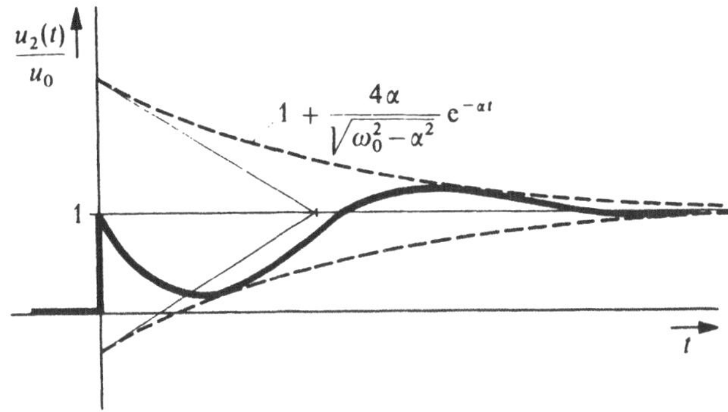

Abb. 15.23 Verlauf der Ausgangsspannung $u_2(t)$ der symmetrischen X-Schaltung von Abb. 15.22

15.3.4 Näherungsweise Bestimmung der Zeitfunktion für kleine und große t

Bei Funktionen höheren Grades ist die Bestimmung aller Pole von $F(p)$ und die anschließende Berechnung der Residuen eine mühsame Arbeit. Oft ist man nur daran interessiert, den prinzipiellen Verlauf von $f(t)$ zu kennen, insbesondere das Verhalten für kleine und sehr große t, d.h. den Anfang und das Ende des Einschwingvorganges. Dazu benötigt man möglichst einfache in diesen Bereichen gültige Näherungen.

Für große t wird $f(t)$ im wesentlichen durch den am schwächsten gedämpften Summanden des Einschwingvorgangs bestimmt. Er gehört zu den am weitesten rechts liegenden Polen von $F(p)$. Zur Ermittlung dieses Anteils genügt es demnach, die komplexe p-Ebene von rechts her mit einem geeigneten numerischen Verfahren auf Pole von $F(p)$ abzusuchen, bis die ersten – meistens ein Paar konjugiert komplexer Polstellen – gefunden sind, und die zugehörigen Residuen zu berechnen. Diese Näherung gibt $f(t)$ für große t umso besser wieder, je weiter links die übrigen Polstellen von $F(p)$ liegen.

Für kleine t läßt sich $f(t)$ am einfachsten aus einer Reihenentwicklung nach Potenzen von t bestimmen. Man gewinnt sie wegen der Zuordnung (15.14)

$$\frac{1}{p^{\nu+1}} \bullet\!\!-\!\!\!-\!\!\circ \frac{t^\nu}{\nu!}$$

unmittelbar aus einer Reihenentwicklung

$$F(p) = \sum_{\nu=0}^{\infty} \frac{a_\nu}{p^{\nu+1}} . \tag{15.104}$$

Eine solche Entwicklung existiert immer, wenn $F(p)$ wie hier eine im Unendlichen verschwindende rationale Funktion ist, und sie konvergiert außerhalb eines Kreises um den Nullpunkt der p-Ebene.

Häufig ist $F(p)$ als Quotient zweier Polynome gegeben

$$F(p) = Z(p)/N(p) \tag{15.105}$$

gegeben. Dann lassen sich die Koeffizienten a_ν der Reihenentwicklung bequem rekursiv aus den Polynomkoeffizienten ermitteln, indem man die Reihe (15.104) in Gleichung (15.105) einsetzt und mit $N(p)$ multipliziert. Dazu braucht man weder die Pole von $F(p)$, noch die zugehörigen Residuen zu kennen.

Die gleichmäßig konvergierende Reihe (15.104) kann gliedweise in den Zeitbereich transformiert werden und ergibt die für alle t konvergierende Reihe

$$f(t) = \sum_{\nu=1}^{\infty} a_\nu \frac{t^\nu}{\nu!} . \tag{15.106}$$

Sie gestattet es, für kleine t die Funktion $f(t)$ numerisch sehr bequem zu berechnen. Die beiden einander zugeordneten Reihen (15.104) und (15.106) zeigen, daß $f(t)$ für kleine t durch das Verhalten von $F(p)$ in der Umgebung des unendlich fernen Punktes bestimmt wird. Die Grenzübergänge $p \to \infty$ in (15.104) und $t \to 0$ in (15.106) liefern die als Grenzwertsatz bezeichnete Zuordnung

$$\lim_{t \to 0} f(t) = \lim_{p \to \infty} pF(p) , \tag{15.107}$$

oder allgemeiner, wenn a_n der erste von null verschiedene Koeffizient der Reihenentwicklung ist:

$$\lim_{p \to \infty} p^{n+1} F(p) = \lim_{t \to 0} \frac{\mathrm{d}^n f(t)}{\mathrm{d}t^n} . \tag{15.108}$$

Wenn $F(p)$ im Unendlichen eine $(n+1)$-fache Nullstelle hat, beginnt $f(t)$ im Nullpunkt wie eine Parabel n-ten Grades. Man kann also aus dem Gradunterschied der Polynome $Z(p)$ und $N(p)$ unmittelbar das Verhalten von $f(t)$ im Nullpunkt erkennen.

Als Beispiel für die Anwendung einer solchen Reihenentwicklung berechnen wir für kleine t den Strom in einem Reihenschwingkreis nach Abb. 15.13 beim Anschalten einer Gleichspannung.

Für den vor dem Anlegen der Gleichspannung u_0 energiefreien Schwingkreis gilt im Unterbereich mit $U(p) = u_0/p$ nach Gleichung (15.56)

$$I(p) = \frac{u_0}{p^2 L + pR + 1/C} .$$

Um übersichtliche Dimensionen der Entwicklungskoeffizienten zu erhalten, schreiben wir diese Gleichung in der Form

$$\frac{RI(p)}{u_0} = \frac{1}{p^2 L/R + p + 1/RC} = \sum_{\nu=1}^{\infty} \frac{a_\nu}{p^{\nu+1}} \tag{15.109}$$

Multiplikation mit dem Nenner der linken Seite liefert

$$1 = \sum_{\nu=1}^{\infty} \frac{a_\nu}{p^{\nu+1}} (p^2 L/R + p + 1/RC) .$$

Daraus entstehen durch Koeffizientenvergleich die Gleichungen

$$a_0 = 0 \qquad a_0 + \frac{L}{R} a_1 = 1$$

und für alle weiteren a_ν die Rekursionsformel

$$\frac{1}{RC} a_{\nu-1} + a_\nu + \frac{L}{R} a_{\nu+1} = 0 .$$

Für den Strom im Reihenschwingkreis beim Anschalten einer Gleichspannung u_0 gilt also

$$\frac{i(t)R}{u_0} = \frac{R}{L} t - \frac{1}{2!}\left(\frac{R}{L} t\right)^2 + \frac{1}{3!}\left(1 - \frac{L}{CR^2}\right)\left(\frac{R}{L} t\right)^3 \mp \cdots$$

Eine Näherung für sehr große t läßt sich hier im allgemeinen nicht angeben, denn $I(p)$ ist nur vom Grad zwei, und die beiden Polstellen liegen gewöhnlich im Komplexen und haben dann gleichen Realteil. Eine Näherung wäre nur möglich für den relativ seltenen Sonderfall von Polen auf der reellen Achse.

Aus

$$p_{1,2} = -\frac{R}{2L}\left(1 \pm \sqrt{1 - \frac{4L}{CR^2}}\right)$$

ergibt sich bei

$$\frac{4L}{CR^2} \ll 1$$

mit der Näherung

$$\sqrt{1 - \frac{4L}{CR^2}} \approx 1 - \frac{2L}{CR^2}$$

für die weiter rechts liegende Polstelle

$$p_1 \approx -\frac{1}{CR} .$$

Die rationale Funktion (15.109) hat an dieser Polstelle des Residuum

$$\frac{1}{N'(p_1)} = \frac{1}{1 - \dfrac{2L}{CR^2}} \approx 1 + \frac{2L}{CR^2} ,$$

so daß nach dem Heavisideschen Entwicklungssatz zu diesem Pol die Zeitfunktion

$$\frac{i(t)\,R}{u_0} \approx \left(1 + \frac{2L}{CR^2}\right) e^{-t/RC}$$

gehört.

Für große t ($tR/L \gg 1$) ist das eine Näherung für den Zeitverlauf (15.86), denn der stärker gedämpfte Exponentialanteil ist zu diesen Zeiten nahezu abgeklungen (siehe Abb. 15.20).

15.4. Der Zusammenhang mit der komplexen Wechselstromrechnung

Die im Abschnitt 15.2 behandelten Beispiele von Netzen aus Spulen, Kondensatoren und Widerständen ergaben, daß beim Einschalten einer Sinusspannung der zeitliche Verlauf aller Spannungen und Ströme mit den nach den Regeln der Wechselstromrechnung ermittelten übereinstimmt, wenn der Einschaltzeitpunkt genügend weit zurückliegt. Wir wollen zeigen, daß das allgemein für jedes lineare Netzwerk mit gedämpften Eigenschwingungen gilt (siehe Abschnitt 15.5).

Nach Gleichung (15.91) lautet die Lösung für Strom oder Spannung $y(t)$ in dem interessierenden Zweig bei Anregung des Netzes mit $x(t)$, wenn zunächst alle Anfangswerte $y_1(0-) \dots y_n(0-)$ als verschwindend angenommen werden

$$y(t) = A_\infty x(t) + \int_0^t x(t-\tau) f(\tau)\,d\tau \,.$$

$x(t)$ habe nun eine sinusförmige Zeitabhängigkeit

$$x(t) = \mathrm{Re}\,\{X_0 e^{j\omega_0 t}\}\,,$$

deren Amplitude und Nullphasenwinkel durch die komplexe Amplitude X_0 bestimmt sind. Dann gilt

$$y(t) = \mathrm{Re}\left\{A_\infty X_0 \mathrm{e}^{\mathrm{j}\omega_0 t} + X_0 \int_0^t \mathrm{e}^{\mathrm{j}\omega_0(t-\tau)} f(\tau)\,\mathrm{d}\tau\right\}$$

$$= \mathrm{Re}\left\{X_0 \mathrm{e}^{\mathrm{j}\omega_0 t}\left(A_\infty + \int_0^t f(\tau)\mathrm{e}^{-\mathrm{j}\omega_0\tau}\,\mathrm{d}\tau\right)\right\}.$$

Es liegt nahe, das Faltungsintegral folgendermaßen in zwei Summanden aufzuspalten.

$$\int_0^t f(\tau)\,\mathrm{e}^{-\mathrm{j}\omega_0\tau}\,\mathrm{d}\tau = \int_0^\infty f(\tau)\,\mathrm{e}^{-\mathrm{j}\omega_0\tau}\,\mathrm{d}\tau - \int_t^\infty f(\tau)\,\mathrm{e}^{-\mathrm{j}\omega_0\tau}\,\mathrm{d}\tau.$$

Der erste Summand ist die Laplace-Transformierte von $f(\tau)$ für die Kreisfrequenz ω_0

$$\int_0^\infty f(\tau)\mathrm{e}^{-\mathrm{j}\omega_0\tau}\,\mathrm{d}\tau = F(\mathrm{j}\omega_0)\,.$$

Wenn $f(\tau)$ aus gedämpften Schwingungen besteht, wird der Beitrag des zweiten Summanden mit der unteren Integrationsgrenze t umso kleiner, je größer t ist, je weiter also der Einschaltzeitpunkt zurückliegt. Für $t \to \infty$ verschwindet der Beitrag des zweiten Integrals, und $y(t)$ geht in die stationäre Lösung

$$y_s(t) = \mathrm{Re}\,\{X_0(A_\infty + F(\mathrm{j}\omega_0))\mathrm{e}^{\mathrm{j}\omega_0 t}\}$$

über, die sich mit Gleichung (15.89) in der Form

$$y_s(t) = \mathrm{Re}\,\{X_0 A(\mathrm{j}\omega_0)\mathrm{e}^{\mathrm{j}\omega_0 t}\} \qquad (15.110)$$

schreiben läßt. Das ist aber genau das Ergebnis der komplexen Wechselstromrechnung, denn $A(\mathrm{j}\omega_0)$ ist die Übertragungsfunktion des Netzwerks zwischen den betreffenden Klemmenpaaren für Sinusschwingungen der Kreisfrequenz ω_0.

Einzige Voraussetzung für die Annäherung von $y(t)$ an den stationären Wert (15.110) ist, daß $f(\tau)$ nur für gedämpfte Schwingungen enthält, daß es sich also um ein stabiles Netzwerk handelt. Wie groß t gewählt werden muß, damit $y(t) \approx y_s(t)$ mit ausreichender Genauigkeit gilt, kann aus einer Abschätzung des Restintegrals

$$\int_t^\infty f(\tau) e^{-j\omega_0 \tau} \, d\tau$$

ermittelt werden.

In gleicher Weise wie das Restintegral streben auch die zu $F_1(p) \dots F_n(p)$ gehörenden Zeitfunktionen in Gleichung (15.90), die wir zunächst weggelassen haben, gegen null, denn die Polstellen von $F(p)$ und $F_1(p) \dots F_n(p)$ stimmen überein. Auch für nicht verschwindende Anfangswerte geht also $y(t)$ in $y_s(t)$ über.

Für das Beispiel 1 aus Abschnitt 15.2 wird

$$A(j\omega_0) = \frac{\alpha}{\alpha + j\omega_0} = \frac{1}{1 + j\omega_0/\alpha} \, .$$

Das ist das Verhältnis der komplexen Amplituden U_2/U_1 bei der Kreisfrequenz ω_0. Für

$$u_1(t) = u_0 \sin\omega_0 t$$

wird $U_1 = -ju_0$ und demnach

$$u_{2s}(t) = \mathrm{Re}\left\{ \frac{-ju_0}{1 + j\omega_0/\alpha} \, e^{j\omega_0 t} \right\} \quad ,$$

was mit dem stationären Anteil der Lösung (15.70) übereinstimmt.

15.5 Die Eigenschaften der Netzwerk-Übertragungsfunktion im Frequenz- und Zeitbereich

In den Abschnitten 15.3.1 und 15.3.2 hatten wir als maßgebend für den zeitlichen Verlauf einer Spannung oder eines Stromes $y(t)$ in einem zunächst energiefreien Netz, das vom Zeitnullpunkt an mit $x(t)$ angeregt wird, die entsprechende Netzwerkübertragungsfunktion $A(p)$ gefunden. Wir wollen die Eigenschaften und Darstellungsmöglichkeiten der Übertragungsfunktion $A(p)$ und der zugehörigen Zeitfunktion $a(t)$ nun näher untersuchen und beginnen im Frequenzbereich.

$A(p)$ ist eine rationale Funktion und als Quotient zweier Polynome darstellbar

$$A(p)=\frac{Z(p)}{N(p)}\,.$$

Die Koeffizienten dieser Polynome sind reell, denn sie sind identisch mit den Koeffizienten der zwischen $x(t)$ und $y(t)$ für $t>0$ gültigen Differentialgleichung. Deswegen können die Nullstellen beider Polynome nur bei reellen, paarweise entgegengesetzt gleichen imaginären oder paarweise konjugiert komplexen Werten von p liegen. Die Nullstellen p_ν des Nennerpolynoms, also die Pole von $A(p)$, sind die sogenannten Eigenwerte. Sie bestimmen die Exponenten der in $a(t)$ und damit auch in $y(t)$ auftretenden Schwingungen der Form $e^{p_\nu t}$. Man bezeichnet ein Netzwerk als stabil, wenn diese Eigenschwingungen gedämpft sind. Dazu müssen alle Pole von $A(p)$, also alle Nullstellen von $N(p)$ im Inneren der linken p-Halbebene liegen. Bei Netzen, die nur aus Spulen, Kondensatoren und Widerständen, also sogenannten passiven Elementen aufgebaut sind, ist diese Bedingung immer erfüllt. Die Nullstellen q_μ des Zählerpolynoms $Z(p)$ können, abgesehen von der obengenannten Einschränkung, beliebig in der komplexen p-Ebene verteilt sein.

Da die rationale Funktion $A(p)$ durch die Lage ihrer Pole und Nullstellen bis auf einen Faktor eindeutig festgelegt ist, benutzt man zur anschaulichen Darstellung von $A(p)$ oft ein Pol-Nullstellen-Diagramm in der komplexen p-Ebene, wie es Abb. 15.24 für eine Funktion vom Grad $n=3$ zeigt, deren Produktdarstellung die Form

$$A(p)=k\,\frac{(p-q_1)\,(p-q_2)}{(p-p_1)\,(p-p_2)\,(p-p_3)} \tag{15.112}$$

hat.

Es sind zwei konjugiert komplexe und eine reelle Polstelle angenommen und im Diagramm durch Kreuze gekennzeichnet. Zwei Nullstellen, dargestellt durch kleine Kreise, liegen auf der reellen Achse, die dritte im Unendlichen. Aus einem solchen Diagramm läßt sich das Verhalten von $A(p)$ für beliebige p, insbesondere auch für $p=\mathrm{j}\omega$, also sinusförmige ungedämpfte Schwingungen, unmittelbar ablesen. Inter-

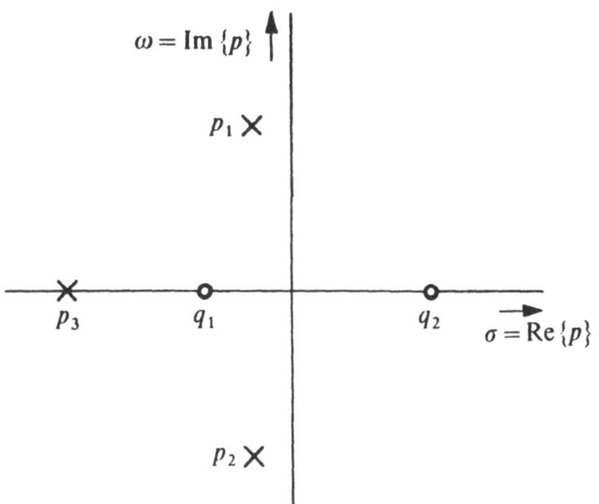

Abb. 15.24 Pol-Nullstellen-Diagramm einer Übertragungsfunktion

essiert man sich z.B. für den Betrag von $A(\mathrm{j}\omega)$, so liefert Gleichung (15.112) hierfür

$$|A(\mathrm{j}\omega)| = |k| \; \frac{|\mathrm{j}\omega - q_1| \; |\mathrm{j}\omega - q_2|}{|\mathrm{j}\omega - p_1| \; |\mathrm{j}\omega - p_2| \; |\mathrm{j}\omega - p_3|} . \tag{15.113}$$

Die Beträge der einzelnen Faktoren dieser Gleichung sind die Abstände des Aufpunktes $\mathrm{j}\omega$ von den p_ν bzw. q_μ. Das Verhältnis der Beträge dieser Faktoren bei verschiedenen $\mathrm{j}\omega$ auf die es bei einer Bestimmung der Frequenzabhängigkeit allein ankommt, läßt sich aus den zugehörigen in beliebigem Maßstab gezeichneten Pol-Nullstellen-Diagramm unmittelbar ablesen. Das ist in Abb. 15.25 veranschaulicht.

Man erkennt, wie sich $|A(\mathrm{j}\omega)|$ bei Annäherung an eine Polstelle vergrößert und bei Annäherung an eine Nullstelle verkleinert.

Auch der oftmals interessierende Phasenwinkel von $A(\mathrm{j}\omega)$ ist aus dem Diagramm bestimmbar. Für das Beispiel in Abb. 15.25 gilt $\sphericalangle A(\mathrm{j}\omega) = \psi_1 + \psi_2 - \varphi_1 - \varphi_2 - \varphi_3$, wenn die ψ_μ und φ_ν die Winkel bezeichnen, die die Fahrstrahlen von den q_μ bzw. p_ν nach dem Aufpunkt $\mathrm{j}\omega$ mit der reellen Achse bilden. Man sieht, daß die immer in der linken Halbebene liegenden Pole und die in der rechten Halbebene

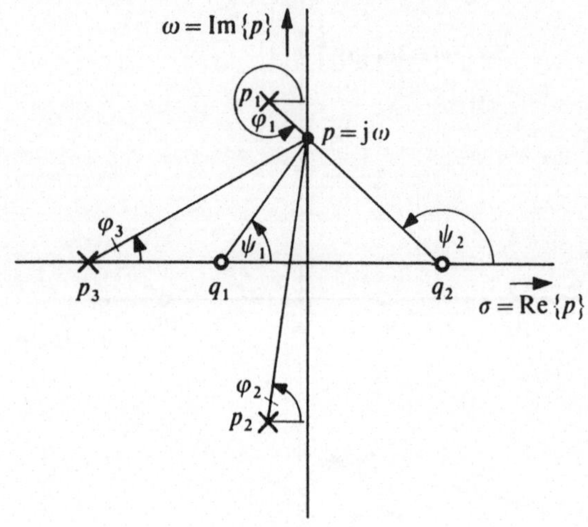

Abb. 15.25 Zur Ermittlung des Übertragungsfaktors $A(\mathrm{j}\omega)$ aus dem Pol-Nullstellen-Diagramm

liegenden Nullstellen einen mit wachsenden ω abnehmenden Winkelbeitrag liefern, die Nullstellen in der linken Halbebene dagegen einen zunehmenden. Nullstellen auf der imaginären Achse liefern einen konstanten Beitrag von $\pm\pi/2$, der beim Überschreiten einer Nullstelle um π springt. Die geringstmögliche Winkeländerung über die gesamte $\mathrm{j}\omega$-Achse bei gegebenem Grad n ergibt sich, wenn alle Nullstellen von $A(p)$ in der linken Halbebene liegen. Übertragungsfunktionen mit dieser Eigenschaft nennt man minimalphasig.

Die Übertragungsfunktion $A(p)$ ist definiert als das Verhältnis der beiden Laplace-Transformierten

$$\frac{Y(p)}{X(p)} = A(p)\,,$$

sie läßt sich für $p = \mathrm{j}\omega$ als Verhältnis zweier komplexer Strom- oder Spannungsamplituden auch messen. Wir fragen nun, ob sich auch eine Meßvorschrift zur unmittelbaren Bestimmung der zugehörigen Zeitfunktion $a(t)$ angeben läßt. Die Übersetzung der Gleichung

$$Y(p) = X(p)\,A(p)$$

in den Zeitbereich liefert, falls $A_\infty = 0$ ist, was wir zunächst annehmen wollen

$$y(t) = \int_0^t x(\tau) a(t-\tau)\,\mathrm{d}\tau\,. \tag{15.114}$$

Wir fragen nun, welchen zeitlichen Verlauf die Anregung $x(t)$ haben muß, damit $y(t)$ die gleiche Zeitabhängigkeit erhält wie $a(t)$, also

$$y(t) = c\,a(t) \tag{15.115}$$

wird. Offensichtlich muß dann

$$a(t) = \int_0^t \frac{1}{c} x(\tau) a(t-\tau)\,\mathrm{d}\tau \tag{15.116}$$

gelten. Diese Gleichung ist aber nach (15.21) gerade dann erfüllt, wenn $x(t)$ einen δ-Impuls darstellt

$$x(t) = c\,\delta\,(t).$$

Das heißt, $a(t)$ beschreibt die Antwort des von dem Netzwerk zwischen den betreffenden Klemmenpaaren gebildeten Übertragungssystems auf eine Anregung durch einen δ-Impuls. Die zur Übertragungsfunktion $A(p)$ gehörende Zeitfunktion $a(t)$ wird deshalb als Impulsantwort des Übertragungssystems bezeichnet.

Natürlich läßt sich ein solcher Impulsgrenzwert experimentell nicht erzeugen. Gleichung (15.116) wird aber mit guter Näherung auch durch einen Impuls endlicher Dauer erfüllt, sofern die Impulsdauer $a(t)$ als konstant angesehen werden kann. Die Impulsantwort $a(t)$ läßt sich demnach mit Hilfe eines Impulsgenerators und eines Oszillographen bestimmen. Das gilt auch, wenn $A_\infty \neq 0$ ist. Denn zerlegt man

$$A\,(p) = A_\infty + F(p)\,,$$

dann gilt nach Gleichung (15.91) allgemein

$$y(t) = A_\infty\, x(t) + \int_0^\infty x(\tau) f(t-\tau)\,\mathrm{d}\tau$$

und für $x(t) = c\,\delta(t)$

$$y(t) = A_\infty c\,\delta(t) + cf(t)\,. \tag{15.117}$$

Die Impulsantwort erhält dadurch nur bei $t = 0$ einen zusätzlichen δ-Impuls. Für alle $t > 0$ stimmen $f(t)$ und $a(t)$ überein.

15.6 Der Übertrager

Bisher haben wir uns auf die Berechnung von Einschwingvorgängen in Netzen aus einzelnen Spulen, Kondensatoren und Widerständen beschränkt, magnetisch miteinander gekoppelten Spulen, also Übertrager, aber ausgeschlossen. Wir wollen nun zeigen, daß auch Schaltungen mit Übertragern nach den in den Abschnitten 15.1 bis 15.3 angegebenen Verfahren analysiert werden können, wenn man für jeden Übertrager eine der im Abschnitt 11.9 angegebenen Ersatzschaltungen verwendet.

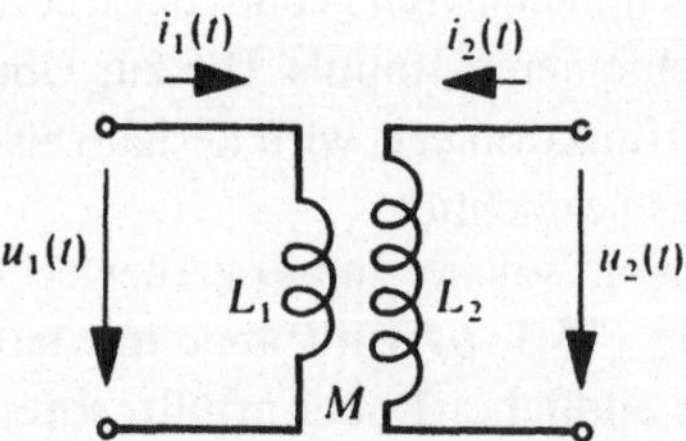

Abb. 15.26 Zählpfeile an einem verlustfreien Übertrager

Für ein Paar gekoppelter Spulen mit den Induktivitäten L_1, L_2 und der Gegeninduktivität M gelten mit der in Abb. 15.26 eingezeichneten symmetrischen Bepfeilung die Gleichungen

$$u_1 = L_1 \frac{\mathrm{d}i_1}{\mathrm{d}t} + M \frac{\mathrm{d}i_2}{\mathrm{d}t} \tag{15.120}$$

$$u_2 = M \frac{\mathrm{d}i_1}{\mathrm{d}t} + L_2 \frac{\mathrm{d}i_2}{\mathrm{d}t}\,. \tag{15.121}$$

Transformation dieser Gleichungen in den Frequenzbereich ergibt

$$U_1 = pL_1 I_1 + pMI_2 - L_1 i_1(0-) - Mi_2(0-) \qquad (15.122)$$

$$U_2 = pM\, I_1 + pL_2 I_2 - M\, i_1(0-) - L_2 i_2(0-)\,, \qquad (15.123)$$

wobei für die Anfangswerte, wie in Abschnitt 15.2 behandelt, die Werte der Ströme vor eventuellen sprunghaften Änderungen im Einschaltaugenblick einzusetzen sind. Wir haben nun zu zeigen, daß die in Abschnitt 11.9 angegebenen Ersatzschaltungen dieses Gleichungspaar richtig beschreiben, wenn man parallel zu jeder Spule einer Ersatzschaltung einen Stromgenerator zufügt, der den Wert des Spulenstromes vor dem Einschalten beschreibt. Dazu wählen wir eine der Ersatzschaltungen, die nur zwei Spulen und einen idealen Übertrager enthalten, weil hier kein Knoten vorkommt, der nur Spulen miteinander verknüpft und damit zu Abhängigkeiten zwischen den Spulenströmen führt.

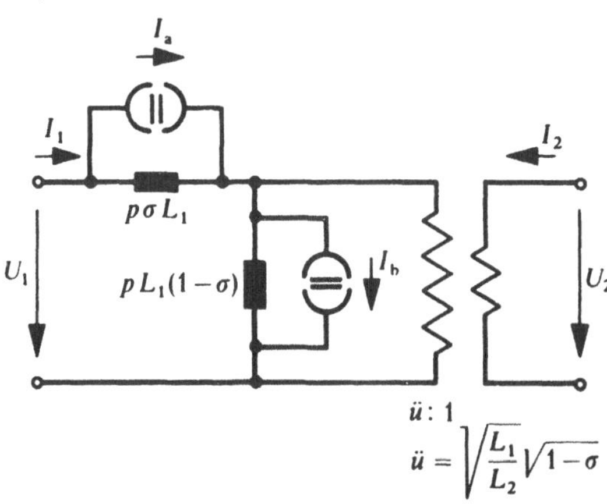

Abb. 15.27 Ersatzschaltung eines verlustfreien Übertragers im Frequenzbereich

Für die in Abb. 15.27 dargestellte Ersatzschaltung gelten im Frequenzbereich bei den eingezeichneten Zählrichtungen der Spannungen und Ströme die Gleichungen

$$U_1 = \ddot{u}U_2 + p\sigma L_1(I_1 - I_a) \tag{15.124}$$

$$I_1 + \frac{I_2}{\ddot{u}} = I_b + \frac{\ddot{u}U_2}{p(1-\sigma)L_1}. \tag{15.125}$$

Dabei beschreiben die Generatoren mit den Strömen I_a und I_b die vor dem Einschalten durch die beiden Spulen der Ersatzschaltung fließenden Ströme. Es gilt demnach

$$I_a = \frac{i_1(0-)}{p} \qquad I_b = \frac{1}{p}\left(i_1(0-) + \frac{i_2(0-)}{\ddot{u}}\right).$$

Drückt man die bei der Ersatzschaltung benutzten Größen σ und $\ddot{u}$ durch L_1, L_2 und M aus, setzt also

$$1 - \sigma = \frac{M^2}{L_1 L_2}$$

$$\ddot{u} = \sqrt{\frac{L_1}{L_2}}\sqrt{1-\sigma} = \frac{M}{L_2}$$

$$\frac{\ddot{u}}{1-\sigma} = \frac{L_1}{M},$$

so geht das Gleichungspaar (15.124), (15.125) über in

$$U_1 = \frac{M}{L_2} U_2 + pL_1\left(1 - \frac{M^2}{L_1 L_2}\right)\left(I_1 - \frac{i_1(0-)}{p}\right) \tag{15.126}$$

$$I_1 + \frac{L_2}{M} I_2 = \frac{1}{p}\left(i_1(0-) + \frac{L_2}{M} i_2(0-)\right) + \frac{U_2}{pM}. \tag{15.127}$$

Wenn man die zweite Gleichung mit pM multipliziert und umstellt, geht sie über in

$$U_2 = pMI_1 + pL_2 I_2 - Mi_1(0-) - L_2 i_2(0-)$$

und das stimmt mit Gleichung (15.123) überein. Um die Gleichung (15.126) in die Form von (15.122) zu bringen, setzen wir hier U_2 aus (15.123) ein. Das ergibt

$$U_1 = \frac{M}{L_2}\left(pMI_1 + pL_2 I_2 - Mi_1(0-) - L_2 i_2(0-)\right) +$$

$$+p\left(1-\frac{M^2}{L_1L_2}\right)L_1I_1 \;-\left(1-\frac{M^2}{L_1L_2}\right)L_1i_1(0-).$$

Hier heben sich zwei Paare von Summanden heraus. Es bleibt

$$U_1 = pL_1I_1 + pMI_2 - L_1i_1(0-) - Mi_2(0-),$$

und das stimmt mit (15.122) überein. Eine entsprechende Rechnung für die Ersatzschaltung Abb. (11.41) führt ebenfalls zu dem Gleichungspaar (15.122), (15.123).

Die im Abschnitt 11.9 für sinusförmige Schwingungen aufgestellten Ersatzschaltungen des verlustfreien Übertragers beschreiben auch das Einschwingverhalten richtig, wenn sie durch zwei Stromgeneratoren zur Berücksichtigung beliebiger Anfangsbedingungen ergänzt werden.

Die Ersatzschaltungen bleiben auch für den Grenzfall fester Kopplung

$$M^2 = L_1L_2\,, \qquad \text{d.h.} \qquad \sigma = 0$$

gültig. Dann verschwindet eine der Spulen und mit ihr der parallel liegende Stromgenerator. Die Ersatzschaltung vereinfacht sich auf die Schaltung von Abb. (15.28), für die das Gleichungssystem

$$U_1 = pL_1\left(I_1 + \frac{I_2}{ü}\right) - L_1\left(i_1(0-) + \frac{i_2(0-)}{ü}\right) \qquad (15.128)$$

$$U_1 = üU_2 \qquad (15.129)$$

mit

$$ü = \sqrt{\frac{L_1}{L_2}}$$

gilt.

Diese Vereinfachung des Gleichungssystems bei fester Kopplung ist natürlich auch unmittelbar aus den Gleichungen (15.122) und (15.123) ablesbar, wenn man dort $M = \sqrt{L_1L_2}$ einsetzt. Das ergibt

$$U_1 = pL_1I_1 + p\sqrt{L_1L_2}\,I_2 - L_1i_1(0-) - \sqrt{L_1L_2}\,i_2(0-)$$

$$U_2 = p\sqrt{L_1L_2}\,I_1 + pL_2I_2 - \sqrt{L_1L_2}\,i_1(0-) - L_2i_2(0-)$$

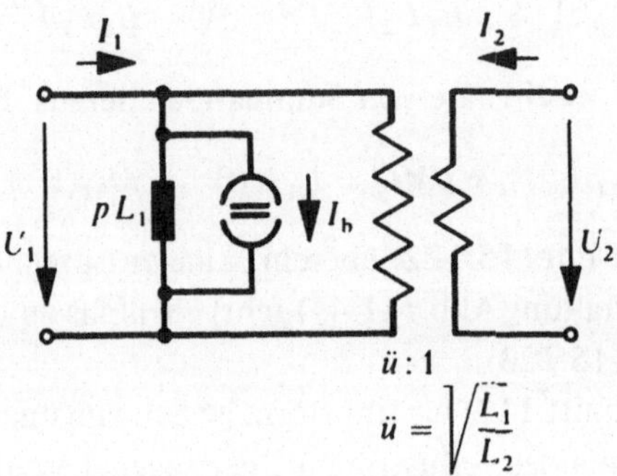

Abb. 15.28 Ersatzschaltung des festgekoppelten Übertragers im Frequenzbereich

Die erste dieser Gleichungen ist identisch mit Gleichung (15.128), die zweite stimmt bis auf den Faktor $\sqrt{L_1/L_2}$ mit der ersten überein und liefert

$$U_1 = \sqrt{\frac{L_1}{L_2}}\, U_2 = ü U_2 \; .$$

Bei fester Kopplung reduziert sich also im Frequenzbereich das System (15.122), (15.123) der beiden Gleichungen ersten Grades in p auf eine Gleichung vom Grad eins und eine vom Grad null. Entsprechend entartet auch im Zeitbereich das System (15.120), (15.121) der beiden Differentialgleichungen ersten Grades in eine Differentialgleichung ersten und eine nullten Grades, wovon man sich durch Anschreiben der Gleichungen für $M^2 = L_1 L_2$ überzeugt. Beim festgekoppelten Übertrager wird demnach das Verhalten der beiden Ströme $i_1(t)$ und $i_2(t)$ für $t > 0$ durch einen einzigen Anfangszustand

$$i_1(0-) + i_2(0-)/ü$$

bestimmt, der die vor dem Einschalten im Übertrager gespeicherte magnetische Energie repräsentiert. Die beliebig vorgegebenen Ströme $i_1(0-)$ und $i_2(0-)$ springen gegebenenfalls im Einschaltzeitpunkt auf solche Werte, die den für $t > 0$ gültigen Gleichungen genügen; Dabei bleibt $i_1 + i_2/ü$ stetig, sofern nicht, wie am Ende des Abschnittes 15.2

beschrieben, ein Betriebszustand mit δ-Impulsen für die Spannungen u_1 und u_2 vorgegeben wird.

Wir berechnen als Beispiel den zeitlichen Verlauf der Spannungen und Ströme an einem Übertrager mit fester Kopplung, der nach Abb. 15.29 aus einem Generator mit der Leerlaufspannung $u_0(t)$ und dem Innenwiderstand R_1 gespeist und am Ausgang mit einem Widerstand R_2 belastet wird.

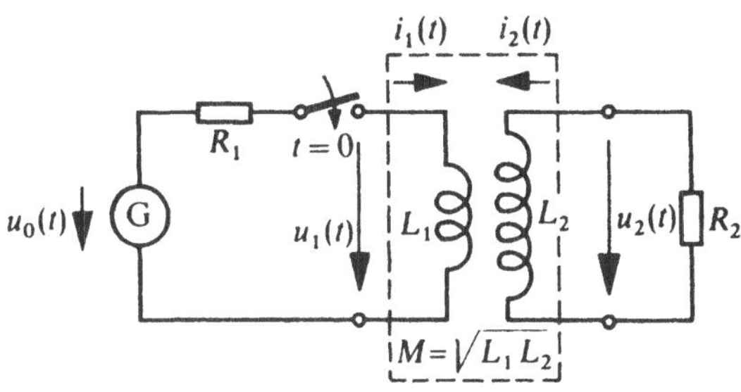

Abb. 15.29 Einschaltvorgang an einem Übertrager mit fester Kopplung

Wenn wir die Laplace-Transformierten der Ströme und Spannungen mit den entsprechenden Großbuchstaben bezeichnen, so gilt im Frequenzbereich mit den Zählrichtungen von Abb. 15.29

$$U_1 = U_0 - R_1 I_1 \tag{15.130}$$

$$U_2 = -R_2 I_2 \,. \tag{15.131}$$

Wir berechnen zuerst $U_1 = \ddot{u} U_2$ und eliminieren dazu aus Gleichung (15.128) mit (15.130) und (15.131) die Größen I_1 und I_2. Das ergibt

$$\ddot{u} U_2 = pL_1 \frac{U_0 - \ddot{u} U_2}{R_1} - \frac{pL_1}{\ddot{u} R_2} U_2 - L_1 \left(i_1(0-) + \frac{i_2(0-)}{\ddot{u}} \right) .$$

Einführen der Zeitkonstanten

$$\tau_1 = \frac{L_1}{R_1} \qquad \tau_2 = \frac{L_1}{\ddot{u}^2 R_2} = \frac{L_2}{R_2}$$

und Auflösen nach $U_1 = \ddot{u} U_2$ liefert

$$\ddot{u}U_2 = \frac{p\,\dfrac{L_1}{R_1}\,U_0 - L_1\left(i_1(0-) + \dfrac{i_2(0-)}{\ddot{u}}\right)}{1 + p\,(\tau_1 + \tau_2)}$$

Wenn man für die Generatorspannung eine im Zeitnullpunkt eingeschaltete Gleichspannung u_0 annimmt, wird

$$U_0 = u_0/p$$

und damit

$$U_1 = \ddot{u}U_2 = L_1\,\frac{\dfrac{u_0}{R_1} - i_1(0-) - \dfrac{i_2(0-)}{\ddot{u}}}{1 + p\,(\tau_1 + \tau_2)} \tag{15.132}$$

Die zugehörige Zeitfunktion $u_1(t)$ läßt sich nach Tabelle (15.15) oder nach dem Heavisideschen Entwicklungssatz unmittelbar angeben:

$$u_1(t) = \ddot{u}u_2(t) = \frac{L_1}{\tau_1 + \tau_2}\left(\frac{u_0}{R_1} - i_1(0-) - \frac{i_2(0-)}{\ddot{u}}\right)\,\mathrm{e}^{-t/(\tau_1 + \tau_2)} \tag{15.133}$$

Mit den Gleichungen (15.130) und (15.131), angeschrieben für den Zeitbereich

$$-R_2 i_2 = u_2 \qquad\qquad R_1 i_1 = u_0 - u_1\,,$$

erhält man aus (15.133) für die Ströme

$$-R_2 i_2 = \frac{\sqrt{L_1 L_2}}{\tau_1 + \tau_2}\left(\frac{u_0}{R_1} - i_1(0-) - \frac{i_2(0-)}{\ddot{u}}\right)\,\mathrm{e}^{-t/(\tau_1 + \tau_2)}$$

$$R_1 i_1 = u_0 - \frac{L_1}{\tau_1 + \tau_2}\left(\frac{u_0}{R_1} - i_1(0-) - \frac{i_2(0-)}{\ddot{u}}\right)\,\mathrm{e}^{-t/(\tau_1 + \tau_2)}$$

Man sieht, daß die Grenzwerte der Ströme für $t \to 0$, d.h. die Werte $i_1(0+)$ und $i_2(0+)$, im allgemeinen nicht mit den beliebig vorgebbaren Anfangswerten $i_1(0-)$ und $i_2(0-)$ übereinstimmen. Beide Ströme ändem also im Einschaltzeitpunkt ihre Werte sprungartig, wie es in Abb. 15.30 für

$$\ddot{u} = 1 \qquad R_1 = R_2 = R \quad \text{und}$$

$$i_1(0-) = i_2(0-) = 0$$

dargestellt ist.

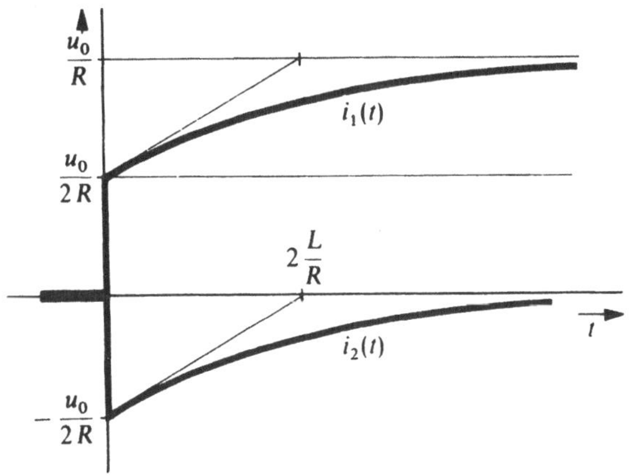

Abb. 15.30 Verlauf der Ströme $i_1(t)$ und $i_2(t)$ der Schaltung von Abb. 15.29 bei Anregung mit Gleichspannung

SACH- UND NAMEN-VERZEICHNIS